布尔网络的同步化理论及应用

谢昊飞　田辉　侯艳芳　著

科学出版社
北京

内容简介

本书对以布尔网络为主的逻辑网络进行了同步化方面的分析和介绍，重点讨论了各种具有耦合关系的布尔网络系统的同步化判定条件，并提供了相应的同步化设计方法，内容包括领导-跟随布尔网络系统的同步化，主-从布尔网络的状态完全同步化，主-从布尔网络的输出同步化，周期时变布尔网络的状态完全同步化，k-值逻辑控制网络的稳定化，主-从概率布尔网络的同步化。本书主要采用的数学工具是近年来提出并发展的矩阵半张量积。书中提出的内容来源于作者近几年的创新性研究成果。

本书适合高等院校中应用数学、控制科学、信息技术、生物技术等专业的高年级本科生、研究生和教师使用，同时也可供相关科技人员作为参考书使用。

图书在版编目(CIP)数据

布尔网络的同步化理论及应用 / 谢昊飞, 田辉, 侯艳芳著. —北京：科学出版社, 2023.3

ISBN 978-7-03-074817-1

Ⅰ.①布… Ⅱ.①谢… ②田… ③侯… Ⅲ.①计算机网络-逻辑控制-研究 Ⅳ.①TP393

中国国家版本馆 CIP 数据核字 (2023) 第 023330 号

责任编辑：叶苏苏/ 责任校对：彭　映

责任印制：罗　科 / 封面设计：义和文创

科学出版社出版

北京东黄城根北街16号

邮政编码：100717

http://www.sciencep.com

成都锦瑞印刷有限责任公司印刷

科学出版社发行　各地新华书店经销

*

2023 年 3 月第　一　版　开本：B5（720×1000）

2023 年 3 月第一次印刷　印张：7 1/2

字数：156 000

定价：119.00 元

（如有印装质量问题，我社负责调换）

前　　言

众所周知，逻辑系统可以很好地用于建模许多实际系统，如生物系统、信用违约模型、制造系统模型等，但人们对逻辑系统的研究并不顺利，主要原因是长时间以来缺乏一个有效的数学工具。早在 20 世纪末，中国科学院程代展研究员带领团队提出了相比于传统矩阵乘法适用范围更广的一种乘积方式——矩阵半张量积，并成功地将其应用于逻辑系统的研究中，取得了非凡成就。这一新数学工具的发现激发了许多学者特别是青年学者的兴趣和热情。他们纷纷投入矩阵半张量积及其应用的研究中。

矩阵半张量积已经成功地应用于布尔网络的分析和研究，其成果已进一步被推广至一般逻辑动态系统的分析和综合，如布尔控制网络的能控和能观性、布尔网络的解耦控制、布尔网络的同步化分析和设计、逻辑系统的稳定性和稳定化、逻辑控制网络的最优控制、网络演化博弈等。

本书以一般逻辑网络(主要包括布尔网络)为研究对象，对其同步化进行分析和综合，即分析网络结构及其动态特性，并给出同步化判据，提出同步化设计方法。全书共分为 8 章，第 1 章阐述了逻辑系统的研究背景，介绍了当前逻辑控制网络同步化的研究现状，分析了基于半张量积的研究方法的优缺点，整理了矩阵半张量积的定义和相关性质，并说明如何采用矩阵半张量积将一般逻辑(控制)网络等价转化为代数形式的过程。第 2 章针对领导-跟随布尔网络系统的动态特性进行了分析和研究，提出了一种全新的同步化设计方法。第 3 章通过对主-从布尔网络的结构进行分析后，提出了一种状态完全同步的状态反馈控制器设计方法。第 4 章将第 3 章的研究成果推广至主-从布尔网络的输出同步化问题，给出了一种保证主-从布尔网络输出同步的设计方法。第 5 章分析了周期时变布尔网络的结构特征，并分情况给出了保证系统状态完全同步的设计方法。第 6 章针对系统同步化问题的一种特殊情况——稳定性和稳定化提出了一些新的概念，并以此用于分析和设计 k-值逻辑控制网络的稳定化。第 7 章研究了概率布尔控制网络的集合稳定性和稳定化问题，推出了概率布尔网络可以集合稳定化的充要条件和集合镇定器的设计方法。第 8 章基于第 7 章的研究成果继续讨论了主-从概率布尔网络的同步化，以概率 1 的方式给出了主-从概率布尔网络的同步化条件和设计方法。

本书是对作者近几年研究成果的一个总结。所研究的问题属于当前学术界的前沿问题，内容新颖、实用，且研究方法先进、科学，因此具有较好的理论和实际应用价值。

本书由田辉和侯艳芳执笔，由谢昊飞统稿校阅，最后由教学中的学生粟鑫、王成茂、太月星、何雨晴、谷双双、麦旭、李倩、夏雨反馈意见定稿。这里需要特别提出的是学生粟鑫、王成茂、太月星、何雨晴、谷双双在整理手稿方面做了大量工作，作者向他们表示由衷感谢。

本书的出版得到了重庆市自然科学基金(项目编号：cstc2020jcyj-msxmX0708)、重庆邮电大学出版基金的资助，在此表示感谢。

由于作者水平有限，疏漏之处在所难免，敬请读者与同行批评指正。

目　　录

第1章 布尔网络及系统的分析基础

1.1 引　言

基因调控网络是由细胞中参与基因调控过程的DNA、RNA、蛋白质及代谢中间物质所形成的具有相互作用的网络[1]。随着人类基因组计划的提出，生命科学已经进入系统生物学时代。人们不再单独考虑基因、细胞或蛋白质个体，而是从基因组结构和功能的层面来研究生物系统的运行机理，即从整体关注这些有机物质的动态行为和关系。因此，基因调控网络备受关注。用于建模基因调控网络的方法有很多，如布尔网络[2-4]、定性网络[5]、贝叶斯网络[6]、微分方程[7]、分段线性微分方程[8]及基于生化过程随机性的主方程[9]。因为生物系统的调控作用是由多重激活因子和抑制因子通过逻辑与、或、非等算子及其嵌套组合进行运算完成的，所以布尔网络无疑是用于描述生物系统最为理想的一种模型。布尔网络最早由Kauffman(考夫曼)提出，是一种基于理想化、自然机制的数学模型[3]。网络中的每个基因只能处于“0”或“1”状态，基因的表达水平由逻辑函数和多个与之相关的基因表达水平决定。虽然布尔网络的结构简单，但是它具有复杂的动力特性。研究表明，许多实际的生物问题都可以在这种看似简单的二值模型下得到解决[10]。因此，布尔模型一经提出，便很快获得人们的关注并成功应用于诸多领域，如生物系统、电路设计和检测、博弈论、社会研究等。

对于布尔网络，首先要考虑的是其结构，即确定布尔网络的极限环、过渡周期及相应的吸引域。为此，许多学者提出了一些有用的求解吸引子的方法[11-13]。但总的来说，逻辑系统是很难研究的，主要原因是缺乏一个有效的数学工具。2000年初，程代展研究员带领其团队将他们最新发现的矩阵半张量积引入布尔网络，从而把布尔网络(布尔控制网络)等价地转化为一个离散时间线性(双线性)动态矩阵方程的形式。因此，许多关于传统离散时间动态系统的分析和综合方法可以应用于布尔网络的研究[14-17]。到目前为止，利用半张量积(semi-tensor product)方法研究布尔网络已经取得了非常有意义的进步，在很多方面获得了实质性的进展，如布尔网络的稳定性和稳定化[18-23]、能控性和能观测性[24-29]、耦合布尔网络的同步化判断和设计[30-41]、解耦控制及其设计[42-44]、最优控制[45-48]、布尔网络的分解[49,50]等。

此外，耦合系统的同步化问题也一直是各领域的研究热点[51-53]，因为在大自然中，系统的同步现象随处可见，如萤火虫的同步发光、知了齐鸣、鸟儿群飞，又如心肌细胞和大脑神经网络的同步、钟摆同步、剧场中观众自发鼓掌同步等。布尔网络的同步化研究旨在分析具有耦合关系的布尔网络之间的同步能力，给出同步化判据，并进一步提供同步化设计方法。

目前，关于布尔网络的同步化及其应用方面已有较丰富的理论成果，如耦合细胞自动机的同步化、具有随机耦合关系的 Kauffman 网络的同步化、随机布尔网络同步化等。文献[31]～文献[41]基于最新的数学工具——矩阵半张量积方法研究了确定性布尔网络的同步化问题，并给出了一些同步化判据和设计方法，使得问题的研究深度和广度都有所提高。然而，这些问题还有待进一步挖掘，相关成果仍需要进一步完善。例如，由于文献[31]和文献[32]提供的结果都具有超指数复杂度，所以在处理高维数的布尔网络同步化问题时显得力不从心。因此，在采用矩阵半张量积方法研究布尔网络同步化问题的同时，考虑如何尽可能地减少计算复杂度自然就成了一个有现实意义的课题。另外，针对带外部输入的主-从布尔网络的同步化这一主题，现有文献虽然给出了一些同步化判据，但仍然未能提供判断有效状态反馈器是否存在的有关条件，这里的有效控制器意指能保证耦合系统达到同步。此外，即使在某一情况下可以确定存在有效控制器，可文献中也没有给出有效控制器的设计方法。因此，根据以上分析，作者相信对布尔网络同步化的进一步研究既有理论价值又有实际意义。

1.2 预备知识

1.2.1 布尔网络

为方便起见，首先给出一些符号说明：

- $\mathbf{1}_n=[\underbrace{1\quad 1\quad \cdots\quad 1}_{n}]^{\mathrm{T}}$——$n$ 维的全 1 列向量；
- $\mathbf{0}_n=[\underbrace{0\quad 0\quad \cdots\quad 0}_{n}]^{\mathrm{T}}$——$n$ 维的全 0 列向量；
- δ_n^i——n 维单位矩阵的第 i 列；
- $\Delta_n=\{\delta_n^i \mid i=1,2,\cdots,n\}$——$n$ 维单位矩阵所有列向量构成的集合；
- $\delta_n[i_1,i_2,\cdots,i_s]=\left[\delta_n^{i_1}\quad \delta_n^{i_2}\cdots\delta_n^{i_s}\right]$——逻辑矩阵；
- $\mathbb{R}$——实数集；
- $\mathbb{R}^n$——所有 n 维实向量构成的集合；
- $\mathcal{L}_{m\times n}$——所有 m 行 n 列逻辑矩阵构成的集合；

- $\mathrm{Row}_i(\boldsymbol{L})$——矩阵 $\boldsymbol{L}$ 的第 i 行；
- $\mathrm{Col}_i(\boldsymbol{L})$——矩阵 $\boldsymbol{L}$ 的第 i 列；
- $\boldsymbol{X}\leqslant(\geqslant)\boldsymbol{Y}$——对于所有的 i 和 j，不等式 $\boldsymbol{X}_{ij}\leqslant(\geqslant)\boldsymbol{Y}_{ij}$ 都成立，其中，$\boldsymbol{X}$ 和 $\boldsymbol{Y}$ 是具有相同维数的矩阵，$\boldsymbol{X}_{ij}$ 和 $\boldsymbol{Y}_{ij}$ 分别为矩阵 $\boldsymbol{X}$ 和 $\boldsymbol{Y}$ 第 i 行第 j 列的元素。

下面介绍有关布尔网络的基础知识。布尔网络是由一组节点和一组有向连线构成的有向图。每个节点(基因状态)只能取值于 $\{0,1\}$。1 表示基因状态“显示”，0 表示“不显示”。其动态过程由一组逻辑动态方程表示。式(1.1)是人类荷尔蒙的生物模型。显然，该模型是一个布尔网络。

图 1.1 是对荷尔蒙进行抽象的模型示意图，相应的数学模型为

$$\begin{aligned} x_1(t+1) &= x_1(t)\wedge x_3(t) \\ x_2(t+1) &= x_1(t)\vee x_3(t) \\ x_3(t+1) &= x_2(t) \end{aligned} \tag{1.1}$$

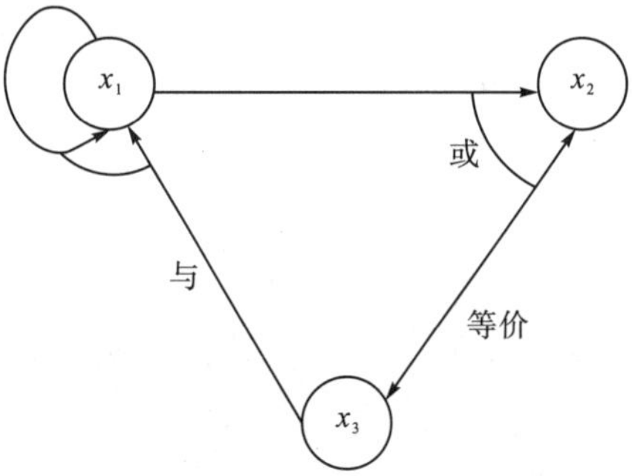

图 1.1　荷尔蒙的数学模型示意图

这是一个具有 3 个节点的布尔网络，$x_i(t)$ $(i=1,2,3)$ 表示节点 i 在时刻 t 的状态。模型式(1.1)是一个逻辑动态系统，涉及的逻辑算子有“逻辑或”($\vee$)和“逻辑与”($\wedge$)。在实际应用中，常用的逻辑算子除了“逻辑或”($\vee$)和“逻辑与”($\wedge$)，还有二元逻辑算子“蕴含”($\rightarrow$)和“等价”($\leftrightarrow$)和一元逻辑算子“逻辑非”($\neg$)。这些算子的真值表见表 1.1。

表 1.1　常用逻辑算子的真值表

p	q	$\neg p$	$p\wedge q$	$p\vee q$	$p\rightarrow q$	$p\leftrightarrow q$
1	1	0	1	1	1	1
1	0	0	0	1	0	0
0	1	1	0	1	1	0
0	0	1	0	0	1	1

通常，一个布尔网络是由多个节点构成的连接网络。每个节点都可以根据相应的逻辑规则取值于$\mathcal{D}=\{0,1\}$。下面是包含n个节点的布尔网络的一般形式[54]：

$$\begin{aligned} x_1(t+1)&=f_1(x_1(t),x_2(t),\cdots,x_n(t))\\ x_2(t+1)&=f_2(x_1(t),x_2(t),\cdots,x_n(t))\\ &\cdots\cdots\\ x_n(t+1)&=f_n(x_1(t),x_2(t),\cdots,x_n(t)) \end{aligned} \tag{1.2}$$

其中，$x_i(i=1,2,\cdots,n)$为状态变量；$f_i(x_1(t),x_2(t),\cdots,x_n(t)),(i=1,2,\cdots,n)$为$n$元逻辑函数。

如果除了布尔网络的内部节点x_i，还有输入节点u_j和输出节点y_k，那么该网络称为带输出的布尔控制网络。下面是带输出的布尔控制网络的一般形式[24,55]：

$$\begin{aligned} x_1(t+1)&=f_1(x_1(t),\cdots,x_n(t),u_1(t),\cdots,u_m(t))\\ x_2(t+1)&=f_2(x_1(t),\cdots,x_n(t),u_1(t),\cdots,u_m(t))\\ &\cdots\cdots\\ x_n(t+1)&=f_n(x_1(t),\cdots,x_n(t),u_1(t),\cdots,u_m(t))\\ y_1(t+1)&=h_1(x_1(t),\cdots,x_n(t))\\ y_2(t+1)&=h_2(x_1(t),\cdots,x_n(t))\\ &\cdots\cdots\\ y_p(t+1)&=h_p(x_1(t),\cdots,x_n(t)) \end{aligned} \tag{1.3}$$

其中，$u_i\in\mathcal{D}(i=1,2,\cdots,m)$为控制输入；$y_j\in\mathcal{D}(j=1,2,\cdots,p)$为网络输出。

本书采用的数学工具主要是程代展团队最近提出的矩阵半张量积。为了知识结构的完整性，下面给出半张量积的概念及其基本性质。想了解更多关于矩阵半张量积的读者可参看文献[56]。

【定义 1.1】[56]

矩阵$\boldsymbol{A}\in\mathbb{R}^{m\times n}$和$\boldsymbol{B}\in\mathbb{R}^{p\times q}$的半张量积定义为

$$\boldsymbol{A}\ltimes\boldsymbol{B}=\left(\boldsymbol{A}\otimes\boldsymbol{I}_{\frac{d}{n}}\right)\left(\boldsymbol{B}\otimes\boldsymbol{I}_{\frac{d}{p}}\right)$$

其中，$d=\mathrm{lcm}(n,p)$为n和p的最小公倍数；$\otimes$为Kronecker(克罗内克尔)积。

下面给出一些例子。

【例 1.1】

(1) 设矩阵

$$\boldsymbol{A}=\begin{bmatrix}1&-4&0&-1\\5&1&6&2\end{bmatrix},\ \boldsymbol{B}=\begin{bmatrix}3&2\\-1&1\end{bmatrix}$$

则利用定义 1.1 计算可得

$$A \ltimes B = \begin{bmatrix} (1\quad -4)\times 3+(0\quad -1)\times -1 & (1\quad -4)\times 2+(0\quad -1)\times 1 \\ (5\quad 1)\times 3+(6\quad 2)\times -1 & (5\quad 1)\times 2+(6\quad 2)\times 1 \end{bmatrix}$$

$$= \begin{bmatrix} 3 & -11 & 2 & -9 \\ 9 & 1 & 16 & 4 \end{bmatrix} \tag{1.4}$$

(2) 设 $\boldsymbol{X}\in\mathbb{R}^m$, $\boldsymbol{Y}\in\mathbb{R}^n$ 且 $\boldsymbol{X}=[x_1,x_2,\cdots,x_m]^{\mathrm{T}}$，$\boldsymbol{Y}=[y_1,y_2,\cdots,y_n]^{\mathrm{T}}$

则

$$\boldsymbol{X}\ltimes\boldsymbol{Y}=[x_1y_1,x_1y_2,\cdots,x_1y_n,\cdots,x_my_1,x_my_2,\cdots,x_my_n]^{\mathrm{T}}\in\mathbb{R}^{mn}$$

当 $n=p$ 时，上述矩阵半张量积实际上就是传统的矩阵乘积。它保持了传统矩阵乘积的基本性质。因此，半张量积是传统矩阵乘积的一种推广。基于此，本书在不产生混淆的情况下通常省略算符 $\ltimes$。

【引理 1.1】

半张量积的基本性质。

(1) 给定矩阵 $\boldsymbol{A}\in\mathbb{R}^{m\times n}$, $\boldsymbol{B}\in\mathbb{R}^{p\times q}$ 和 $\boldsymbol{C}\in\mathbb{R}^{r\times s}$，则

$$(\boldsymbol{A}\ltimes\boldsymbol{B})\ltimes\boldsymbol{C}=\boldsymbol{A}\ltimes\boldsymbol{B}(\ltimes\boldsymbol{C})$$

(2) 给定一个列向量 $\boldsymbol{X}\in\mathbb{R}^q$ 和一个矩阵 $\boldsymbol{A}\in\mathbb{R}^{m\times n}$，则

$$\boldsymbol{X}\ltimes\boldsymbol{A}=(\boldsymbol{I}_q\otimes\boldsymbol{A})\ltimes\boldsymbol{X}$$

(3) 给定一个行向量 $\boldsymbol{X}\in\mathbb{R}^q$ 和一个矩阵 $\boldsymbol{A}\in\mathbb{R}^{m\times n}$，则

$$\boldsymbol{A}\ltimes\boldsymbol{X}=\boldsymbol{X}\ltimes(\boldsymbol{I}_q\otimes\boldsymbol{A})$$

(4) 给定一个 $2^{2n}\times 2^n$ 的逻辑矩阵

$$\boldsymbol{\Phi}_n=\boldsymbol{\delta}_{2^{2n}}\left[1,2^n+2,2\cdot 2^n+3,\cdots,(2^n-2)\cdot 2^n+2^n-1,2^{2n}\right]$$

则对于任意的 $\boldsymbol{\delta}_{2^n}^i\in\Delta_{2^n}$，有 $\boldsymbol{\delta}_{2^n}^i\ltimes\boldsymbol{\delta}_{2^n}^i=\boldsymbol{\Phi}_n\boldsymbol{\delta}_{2^n}^i$。特别是当 $n=2$ 时，记 $\boldsymbol{\Phi}_n=\boldsymbol{M}_r$，则 $\boldsymbol{\delta}_2^i\ltimes\boldsymbol{\delta}_2^i=\boldsymbol{M}_r\boldsymbol{\delta}_2^i$。

(5) 给定两个列向量 $\boldsymbol{X}\in\mathbb{R}^{m\times 1}$，$\boldsymbol{Y}\in\mathbb{R}^{n\times 1}$，则

$$\boldsymbol{Y}\ltimes\boldsymbol{X}=\boldsymbol{W}_{[m,n]}\ltimes\boldsymbol{X}\ltimes\boldsymbol{Y}$$

其中

$$\begin{aligned}\boldsymbol{W}_{[m,n]}=\boldsymbol{\delta}_{mn}[&1\ m+1\cdots(n-1)m+1\\ &2\ m+2\cdots(n-1)m+2\\ &\cdots\cdots\\ &m\ m+m\cdots(n-1)m+m]\end{aligned} \tag{1.5}$$

当 $m=n=2$ 时，$\boldsymbol{W}_{[m,n]}$ 通常简记为 $\boldsymbol{W}_{[2]}$。

为了利用半张量积将上述模型式 (1.2) 和模型式 (1.3) 转化为矩阵形式，现将 1 和 0 分别与 $\boldsymbol{\delta}_2^1$ 和 $\boldsymbol{\delta}_2^2$ 等价，记作 $1\sim\boldsymbol{\delta}_2^1$ 和 $0\sim\boldsymbol{\delta}_2^2$。于是，$\Delta$ 等价于 $\mathcal{D}$，映射 $f_i:\mathcal{D}^n\to\mathcal{D}$ 可以写成 $f_i:\Delta^n\to\Delta$。在逻辑变量的向量形式下，通常记

$\boldsymbol{x}=\ltimes_{i=1}^{n}\boldsymbol{x}_i\in\Delta_{2^n}$。因此，状态向量$(x_1,x_2,\cdots,x_n)$等价于$\boldsymbol{x}(t)$。

下面给出一个重要引理。该引理揭示了逻辑函数的代数形式。

【引理 1.2】[57]

对于任意一个 n 元逻辑函数 $y=f(x_1(t),x_2(t),\cdots,x_n(t))$，存在唯一一个矩阵 $\boldsymbol{M}_f\in\mathcal{L}_{2\times 2^n}$，使得在逻辑变量的向量形式下，有

$$\boldsymbol{y}=\boldsymbol{M}_f\boldsymbol{x} \tag{1.6}$$

其中，$\boldsymbol{M}_f$ 为逻辑函数 f 的结构矩阵。

下面通过一些例子说明逻辑函数的结构矩阵。

【例 1.2】

(1)考虑基本逻辑算子“非”（$\neg$）“或”（$\vee$）“与”（$\wedge$）“蕴含”（$\rightarrow$）“等价”（$\leftrightarrow$），它们的结构矩阵分别记为$\boldsymbol{M}_n$、$\boldsymbol{M}_d$、$\boldsymbol{M}_c$、$\boldsymbol{M}_i$和$\boldsymbol{M}_e$。容易验证，这些结构矩阵为

$$\begin{aligned}\boldsymbol{M}_n&=\boldsymbol{\delta}_2[2,1]\\ \boldsymbol{M}_d&=\boldsymbol{\delta}_2[1,1,1,2]\\ \boldsymbol{M}_c&=\boldsymbol{\delta}_2[1,2,2,2]\\ \boldsymbol{M}_i&=\boldsymbol{\delta}_2[1,2,1,1]\\ \boldsymbol{M}_e&=\boldsymbol{\delta}_2[1,2,2,1]\end{aligned} \tag{1.7}$$

(2)给定一个三元逻辑函数

$$f(x_1,x_2)=(x_1\rightarrow\neg x_2)\vee(\neg x_1),\quad x_i\in\mathcal{D}(i=1,2) \tag{1.8}$$

利用引理 1.1、引理 1.2 和式(1.7)，计算式(1.8)的矩阵形式如下：

$$\begin{aligned}f(\boldsymbol{x}_1,\boldsymbol{x}_2)&=\boldsymbol{M}_d(\boldsymbol{M}_i\boldsymbol{x}_1\boldsymbol{x}_2)(\boldsymbol{M}_n\boldsymbol{x}_1)\\ &=\boldsymbol{M}_d\boldsymbol{M}_i(\boldsymbol{I}_4\otimes\boldsymbol{M}_n)\boldsymbol{x}_1\boldsymbol{x}_2\boldsymbol{x}_1\\ &=\boldsymbol{M}_d\boldsymbol{M}_i(\boldsymbol{I}_4\otimes\boldsymbol{M}_n)\boldsymbol{x}_1\boldsymbol{W}_{[2]}\boldsymbol{x}_1\boldsymbol{x}_2\\ &=\boldsymbol{M}_d\boldsymbol{M}_i(\boldsymbol{I}_4\otimes\boldsymbol{M}_n)\boldsymbol{W}_{[2]}\boldsymbol{x}_1^2\boldsymbol{x}_2\\ &=\boldsymbol{M}_d\boldsymbol{M}_i(\boldsymbol{I}_4\otimes\boldsymbol{M}_n)\boldsymbol{W}_{[2]}\boldsymbol{M}_r\boldsymbol{x}_1\boldsymbol{x}_2\\ &=\boldsymbol{M}_f\boldsymbol{x}_1\boldsymbol{x}_2\end{aligned} \tag{1.9}$$

其中，逻辑函数式(1.8)的结构矩阵为

$$\boldsymbol{M}_f=\boldsymbol{M}_d\boldsymbol{M}_i(\boldsymbol{I}_4\otimes\boldsymbol{M}_n)\boldsymbol{W}_{[2]}\boldsymbol{M}_r=\boldsymbol{\delta}_2[1,2,1,1]$$

下面进一步给出模型式(1.2)的结构矩阵。为了结论的一般性，考虑逻辑映射

$$\begin{aligned}y_1&=f_1(x_1,x_2,\cdots,x_n)\\ y_2&=f_2(x_1,x_2,\cdots,x_n)\\ &\cdots\cdots\\ y_k&=f_k(x_1,x_2,\cdots,x_n)\end{aligned} \tag{1.10}$$

其中，$f_i(x_1,x_2,\cdots,x_n)(i=1,2,\cdots,k)$ 为从 $\mathcal{D}^n$ 至 $\mathcal{D}$ 的逻辑映射。记 $\boldsymbol{X}=(x_1,x_2,\cdots,x_n)^{\mathrm{T}}$，$\boldsymbol{Y}=(y_1,y_2,\cdots,y_k)^{\mathrm{T}}$，则方程式(1.10)可以简写为

$$\boldsymbol{Y}=F(\boldsymbol{X}),\quad \boldsymbol{X}\in\mathcal{D}^n \tag{1.11}$$

其中，$F(\boldsymbol{X})=(f_1(x_1,x_2,\cdots,x_n),f_2(x_1,x_2,\cdots,x_n),\cdots,f_k(x_1,x_2,\cdots,x_n))^{\mathrm{T}}$。

【引理 1.3】[57]

设 $F:\mathcal{D}^n\to\mathcal{D}^k$ 是由式(1.11)定义的逻辑映射，则存在唯一一个矩阵 $\boldsymbol{M}_F\in\mathcal{L}_{2^k\times 2^n}$，使得在逻辑变量的向量形式下，有

$$\boldsymbol{y}=\boldsymbol{M}_F\boldsymbol{x} \tag{1.12}$$

其中，$\boldsymbol{x}=\ltimes_{i=1}^n\boldsymbol{x}_i\in\Delta_{2^n}$，$\boldsymbol{y}=\ltimes_{i=1}^k\boldsymbol{y}_i\in\Delta_{2^k}$；$\boldsymbol{M}_F$ 为逻辑映射 F 的结构矩阵。方程式(1.12)称为逻辑映射 F 的代数形式或矩阵形式。

对于逻辑映射 F，程代展团队已经证明该映射的逻辑形式[式(1.10)或式(1.11)]等价于它的代数形式[式(1.12)]，并且给出了这两种等价形式的相互转换公式(可参看文献[24])。下面通过一个具体例子说明如何将逻辑动态网络转化成其所对应的代数形式。

【例 1.3】

考虑如下布尔网络：

$$\begin{aligned}x_1(t+1)&=x_1(t)\wedge x_2(t)\\x_2(t+1)&=\neg x_1(t)\\x_3(t+1)&=x_2(t)\vee x_3(t)\end{aligned} \tag{1.13}$$

该网络各节点的代数形式为

$$\begin{aligned}\boldsymbol{x}_1(t+1)&=\boldsymbol{M}_c\boldsymbol{x}_1(t)\boldsymbol{x}_2(t)\\\boldsymbol{x}_2(t+1)&=\boldsymbol{M}_n\boldsymbol{x}_1(t)\\\boldsymbol{x}_3(t+1)&=\boldsymbol{M}_d\boldsymbol{x}_2(t)\boldsymbol{x}_3(t)\end{aligned} \tag{1.14}$$

下面对式(1.14)进行合并化简。令 $\boldsymbol{x}(t)=\boldsymbol{x}_1(t)\boldsymbol{x}_2(t)\boldsymbol{x}_3(t)$，则

$$\begin{aligned}\boldsymbol{x}(t+1)&=\boldsymbol{x}_1(t+1)\boldsymbol{x}_2(t+1)\boldsymbol{x}_3(t+1)\\&=\boldsymbol{M}_c\boldsymbol{x}_2\boldsymbol{x}_3\boldsymbol{M}_n\boldsymbol{x}_1\boldsymbol{M}_d\boldsymbol{x}_2\boldsymbol{x}_1\\&=\boldsymbol{M}_c(\boldsymbol{I}_4\otimes\boldsymbol{M}_n)(\boldsymbol{I}_8\otimes\boldsymbol{M}_d)\boldsymbol{W}_{[2,4]}(\boldsymbol{I}_4\otimes\boldsymbol{W}_{[2]})(\boldsymbol{I}_2\otimes\boldsymbol{M}_r)(\boldsymbol{I}_4\otimes\boldsymbol{M}_r)\boldsymbol{x}(t)\\&=\boldsymbol{M}_F\boldsymbol{x}(t)\end{aligned} \tag{1.15}$$

其中，$\boldsymbol{M}_F=\boldsymbol{\delta}_8[3,7,7,8,1,5,5,6]$。

因此，布尔网络式(1.13)的代数形式是

$$\boldsymbol{x}(t+1)=\boldsymbol{\delta}_8[3,7,7,8,1,5,5,6]\boldsymbol{x}(t) \tag{1.16}$$

下面叙述如何将代数形式的逻辑系统等价地转化为其传统的逻辑形式。首先需要定义一组行向量

$$\begin{aligned}
\boldsymbol{S}_1^n &= \delta_2[\underbrace{1,\cdots,1}_{2^{n-1}},\underbrace{2,\cdots,2}_{2^{n-1}}] \\
\boldsymbol{S}_2^n &= \delta_2[\underbrace{1,\cdots,1}_{2^{n-2}},\underbrace{2,\cdots,2}_{2^{n-2}},\underbrace{1,\cdots,1}_{2^{n-2}},\underbrace{2,\cdots,2}_{2^{n-2}}] \\
&\cdots\cdots \\
\boldsymbol{S}_n^n &= \delta_2[1,2,1,2,\cdots,1,2]
\end{aligned} \tag{1.17}$$

利用下面的引理计算布尔网络各个节点的结构矩阵。

【引理 1.4[24]】

设逻辑映射式(1.11)的代数形式为

$$y = \boldsymbol{M}_F \boldsymbol{x} \tag{1.18}$$

则 f_i 的结构矩阵 $\boldsymbol{M}_{f_i}$ 为

$$\boldsymbol{M}_{f_i} = \boldsymbol{S}_i^n \boldsymbol{M}_F \tag{1.19}$$

其中，$\boldsymbol{S}_i^n (i=1,2,\cdots,n)$ 为由式(1.17)定义的 2^n 维行向量。

进而，根据下面的引理求解布尔网络各个节点的逻辑形式。

【引理 1.5[24]】

设逻辑函数 $f(x_1,x_2,\cdots,x_n)$ 的代数形式为

$$f(\boldsymbol{x}_1,\boldsymbol{x}_2,\cdots,\boldsymbol{x}_n) = \boldsymbol{L}\boldsymbol{x}_1\boldsymbol{x}_2\cdots\boldsymbol{x}_n \tag{1.20}$$

其中，$\boldsymbol{L} \in \mathcal{L}_{2\times 2^n}$ 为逻辑函数 f 的结构矩阵，则

$$f(x_1,x_2,\cdots,x_n) = \left[x_1 \wedge f_1(x_2,\cdots,x_n)\right] \vee \left[x_1 \vee f_2(x_2,\cdots,x_n)\right] \tag{1.21}$$

其中，$\boldsymbol{L} = \left(\boldsymbol{L}_1 \mid \boldsymbol{L}_2\right)$，$\boldsymbol{L}_1 \in \mathcal{L}_{2\times 2^n}$ 和 $\boldsymbol{L}_2 \in \mathcal{L}_{2\times 2^n}$ 分别为 f_1 和 f_2 的结构矩阵。

下面通过两个例子来说明这一转化过程。

【例 1.4】

设给定一函数

$$\begin{aligned}
y &= f(\boldsymbol{x}_1,\boldsymbol{x}_2,\boldsymbol{x}_3,\boldsymbol{x}_4) \\
&= \boldsymbol{\delta}_2\left[1,2,2,1,2,1,2,1,1,1,2,2,2,1,1,2\right]\boldsymbol{x}_1\boldsymbol{x}_2\boldsymbol{x}_3\boldsymbol{x}_4
\end{aligned} \tag{1.22}$$

根据引理 1.5，有

$$y = \left[x_1 \wedge f_1(x_2,x_3,x_4)\right] \vee \left[\neg x_1 \wedge f_2(x_2,x_3,x_4)\right] \tag{1.23}$$

其中，

$$\begin{aligned}
\boldsymbol{L}_1 &= \boldsymbol{\delta}_2\left[1,2,2,1,2,1,2,1\right] \\
\boldsymbol{L}_2 &= \boldsymbol{\delta}_2\left[1,1,2,2,2,1,1,2\right]
\end{aligned} \tag{1.24}$$

对于 $f_1(x_2,x_3,x_4)$ 和 $f_2(x_2,x_3,x_4)$，继续采用上述转化过程可以得到

$$\begin{aligned}
f_1(x_2,x_3,x_4) &= \left[x_2 \wedge f_{11}(x_3,x_4)\right] \vee \left[\neg x_2 \wedge f_{12}(x_3,x_4)\right] \\
f_2(x_2,x_3,x_4) &= \left[x_2 \wedge f_{21}(x_3,x_4)\right] \vee \left[\neg x_2 \wedge f_{22}(x_3,x_4)\right]
\end{aligned} \tag{1.25}$$

其中，

$$
\begin{aligned}
\boldsymbol{L}_{11} &= \boldsymbol{\delta}_2[1,2,2,1] \\
\boldsymbol{L}_{12} &= \boldsymbol{\delta}_2[2,1,2,1] \\
\boldsymbol{L}_{21} &= \boldsymbol{\delta}_2[1,1,2,2] \\
\boldsymbol{L}_{22} &= \boldsymbol{\delta}_2[2,1,1,2]
\end{aligned} \tag{1.26}
$$

因此，有

$$
\begin{aligned}
f_{11}(x_3,x_4) &= x_3 \leftrightarrow x_4 \\
f_{12}(x_3,x_4) &= \neg x_4 \\
f_{21}(x_3,x_4) &= x_3 \\
f_{22}(x_3,x_4) &= \neg(x_3 \leftrightarrow x_4)
\end{aligned} \tag{1.27}
$$

将式(1.23)和式(1.25)代入式(1.27)，得

$$
\begin{aligned}
y = &(x_1 \wedge x_2 \wedge (x_3 \leftrightarrow x_4)) \vee (x_1 \wedge \neg x_2 \wedge \neg x_4) \\
&\vee (\neg x_1 \wedge x_2 \wedge x_3) \vee (\neg x_1 \wedge \neg x_2 \wedge \neg(x_3 \leftrightarrow x_4))
\end{aligned} \tag{1.28}
$$

【例 1.5】

给定一个含有 5 个节点 $x_i(i=1,2,3,4,5)$ 的布尔网络，其代数形式为

$$
\boldsymbol{x}(t+1) = \boldsymbol{M}_F \boldsymbol{x}(t) \tag{1.29}
$$

其中，

$$
\begin{aligned}
\boldsymbol{M}_F = \boldsymbol{\delta}_{32}[&3,6,7,6,19,22,31,30,19,22,23,22,3,6,15,14, \\
&3,5,7,5,19,21,31,29,19,21,23,21,3,5,15,13]
\end{aligned} \tag{1.30}
$$

现在利用引理 1.4 计算各节点的代数形式如下：

$$
\begin{aligned}
\boldsymbol{M}_{f_1} = \boldsymbol{S}_1^5 \boldsymbol{M}_F = \boldsymbol{\delta}_{32}[&1,1,1,1,2,2,2,2,2,2,2,2,1,1,1,1, \\
&1,1,1,1,2,2,2,2,2,2,2,2,1,1,1,1] \\
\boldsymbol{M}_{f_2} = \boldsymbol{S}_2^5 \boldsymbol{M}_F = \boldsymbol{\delta}_{32}[&1,1,1,1,1,1,2,2,1,1,1,1,1,1,2,2, \\
&1,1,1,1,1,1,2,2,1,1,1,1,1,1,2,2] \\
\boldsymbol{M}_{f_3} = \boldsymbol{S}_3^5 \boldsymbol{M}_F = \boldsymbol{\delta}_{32}[&1,2,2,2,1,2,2,2,1,2,2,2,1,2,2,2, \\
&1,2,2,2,1,2,2,2,1,2,2,2,1,2,2,2] \\
\boldsymbol{M}_{f_4} = \boldsymbol{S}_4^5 \boldsymbol{M}_F = \boldsymbol{\delta}_{32}[&2,1,2,1,2,1,2,1,2,1,2,1,2,1,2,1, \\
&2,1,2,1,2,1,2,1,2,1,2,1,2,1,2,1] \\
\boldsymbol{M}_{f_5} = \boldsymbol{S}_5^5 \boldsymbol{M}_F = \boldsymbol{\delta}_{32}[&1,2,1,2,1,2,1,2,1,2,1,2,1,2,1,2, \\
&1,1,1,1,1,1,1,1,1,1,1,1,1,1,1,1]
\end{aligned} \tag{1.31}
$$

考虑 f_1 的代数形式。令 $\boldsymbol{L}_1 = \boldsymbol{M}_{f_1}$，根据引理 1.5，可以得到

$$
\begin{aligned}
x_1(t+1) = &[x_1(t) \wedge f_{11}(x_2(t),x_3(t),x_4(t),x_5(t))] \\
&\vee [\neg x_1(t) \wedge f_{12}(x_2(t),x_3(t),x_4(t),x_5(t))]
\end{aligned} \tag{1.32}
$$

其中，

$$
\boldsymbol{L}_{11} = \boldsymbol{L}_{12} = \boldsymbol{\delta}_2[1,1,1,1,2,2,2,2,2,2,2,2,1,1,1,1] \tag{1.33}
$$

所以，有

$$f_{11}(x_2(t),x_3(t),x_4(t),x_5(t))=f_{12}(x_2(t),x_3(t),x_4(t),x_5(t)) \tag{1.34}$$

对于 f_{11} 和 f_{12}，继续采用引理 1.5，有

$$\begin{aligned}f_{11}(x_2(t),x_3(t),x_4(t),x_5(t))=&[x_2\wedge f_{111}(x_3(t),x_4(t),x_5(t))]\\&\vee[\neg x_2\wedge f_{112}(x_3(t),x_4(t),x_5(t))]\end{aligned} \tag{1.35}$$

其中，

$$\begin{aligned}\boldsymbol{L}_{111}&=\boldsymbol{\delta}_2[1,1,1,1,2,2,2,2]\\\boldsymbol{L}_{112}&=\boldsymbol{\delta}_2[2,2,2,2,1,1,1,1]\end{aligned} \tag{1.36}$$

因此，有

$$\begin{aligned}f_{111}(x_3(t),x_4(t),x_5(t))=[x_3\wedge f_{1111}(x_4(t),x_5(t))]\vee[\neg x_3\wedge f_{1112}(x_4(t),x_5(t))]\\f_{112}(x_3(t),x_4(t),x_5(t))=[x_3\wedge f_{1121}(x_4(t),x_5(t))]\vee[\neg x_3\wedge f_{1122}(x_4(t),x_5(t))]\end{aligned} \tag{1.37}$$

其中，

$$\begin{aligned}\boldsymbol{L}_{1111}=\boldsymbol{L}_{1122}=\boldsymbol{\delta}_2[1,1,1,1]\sim 1\\\boldsymbol{L}_{1112}=\boldsymbol{L}_{1121}=\boldsymbol{\delta}_2[2,2,2,2]\sim 0\end{aligned} \tag{1.38}$$

即

$$\begin{aligned}f_{1111}(x_4(t),x_5(t))=f_{1122}(x_4(t),x_5(t))=1\\f_{1112}(x_4(t),x_5(t))=f_{1121}(x_4(t),x_5(t))=0\end{aligned} \tag{1.39}$$

将式(1.34)、式(1.35)、式(1.37)、式(1.39)代入式(1.32)中，得

$$\begin{aligned}x_1(t+1)=&[x_1(t)\wedge f_{11}(x_2(t),x_3(t),x_4(t),x_5(t))]\\&\vee[\neg x_1(t)\wedge f_{12}(x_2(t),x_3(t),x_4(t),x_5(t))]\\=&f_{11}(x_2(t),x_3(t),x_4(t),x_5(t))\\=&[x_2\wedge f_{111}(x_3(t),x_4(t),x_5(t))]\vee[\neg x_2\wedge f_{112}(x_3(t),x_4(t),x_5(t))]\\=&\{x_2\wedge[(x_3\wedge f_{1111}(x_4(t),x_5(t)))\vee(\neg x_3\wedge f_{1112}(x_4(t),x_5(t)))]\}\\&\vee\{\neg x_2\wedge[(x_3\wedge f_{1121}(x_4(t),x_5(t)))\vee(\neg x_3\wedge f_{1122}(x_4(t),x_5(t)))]\}\\=&(x_2\wedge x_3)\vee(\neg x_2\wedge\neg x_3)\\=&x_2(t)\leftrightarrow x_3(t)\end{aligned} \tag{1.40}$$

所以，布尔网络式(1.29)第一个节点的逻辑方程为

$$x_1(t+1)=x_2(t)\leftrightarrow x_3(t) \tag{1.41}$$

同样地，可以计算出布尔网络式(1.29)其他节点的方程分别为

$$\begin{aligned}x_2(t+1)&=x_3(t)\vee x_4(t)\\x_3(t+1)&=x_4(t)\wedge x_5(t)\\x_4(t+1)&=\neg x_5(t)\\x_5(t+1)&=x_1(t)\rightarrow x_5(t)\end{aligned} \tag{1.42}$$

1.2.2　k-值逻辑(控制)网络

k-值逻辑网络具有和布尔网络相似的结构，其节点状态可以取自有限集合 $\{\frac{i}{k-1} \mid i=0,1,\cdots,k-1\}$。下面给出 k-值逻辑网络模型：

$$x_i(t+1)=f_i(x_1(t),\cdots,x_n(t)),\quad i=1,2,\cdots,n \tag{1.43}$$

其中，$x_i(i=1,2,\cdots,n)$ 为网络节点；$f_i:\mathcal{D}_k^n \to \mathcal{D}_k(i=1,2,\cdots,n)$ 为连接各节点的逻辑函数；$x_i \in \mathcal{D}_k=\{\frac{i}{k-1} \mid i=0,1,\cdots,k-1\}$。

带外部输入的 k-值逻辑网络称为 k-值逻辑控制网络，其一般模型为

$$x_i(t+1)=f_i(x_1(t),\cdots,x_n(t),u_1(t),\cdots,u_m(t)),\quad i=1,2,\cdots,n \tag{1.44}$$

其中，$x_i \in \mathcal{D}_k(i=1,2,\cdots,n)$ 为网络的内部节点；$u_i \in \mathcal{D}_k(i=1,2,\cdots,m)$ 为网络的输入节点；$f_i:\mathcal{D}_k^n \times \mathcal{D}_k^m \to \mathcal{D}_k(i=1,2,\cdots,n)$ 为连接各节点的逻辑函数。

类似于布尔网络的情况，为了获得 k-值逻辑(控制)网络的代数形式，需要用 k 维向量 $\boldsymbol{\delta}_k^i$ 表示其对应的逻辑值 $\frac{k-i}{k-1}$。因此，标量状态 $x_i(t)$ 等价于向量状态 $\boldsymbol{x}_i(t)$；状态空间 $\mathcal{D}_k$ 等价于 Δ_k。在逻辑变量的向量形式下，令 $\boldsymbol{x}(t)=\ltimes_{i=1}^n \boldsymbol{x}_i(t) \in \Delta_{k^n}$，$\boldsymbol{u}(t)=\ltimes_{i=1}^m \boldsymbol{u}_i(t) \in \Delta_{k^m}$，并参阅文献[58]，对应于模型式(1.43)存在唯一一个矩阵 $\boldsymbol{L} \in \mathcal{L}_{k^n \times k^n}$，使得下式成立：

$$\boldsymbol{x}(t+1)=\boldsymbol{L}\boldsymbol{x}(t) \tag{1.45}$$

其中，矩阵 $\boldsymbol{L}$ 为系统式(1.45)的过渡矩阵。

同样地，对应于模型式(1.44)存在唯一一个矩阵 $\bar{\boldsymbol{L}} \in \mathcal{L}_{k^n \times k^{n+m}}$，满足

$$\boldsymbol{x}(t+1)=\bar{\boldsymbol{L}}\boldsymbol{u}(t)\boldsymbol{x}(t) \tag{1.46}$$

其中，矩阵 $\bar{\boldsymbol{L}}$ 称为系统式(1.44)的结构矩阵。可以发现 k-值逻辑(控制)网络具有与布尔(控制)网络完全相似的性质，读者可参考文献[58]了解更多信息。

由于逻辑动态网络间的同步化问题和网络的吸引子(包括不动点和极限环)密切相关，所以在这里有必要介绍逻辑系统的不动点和极限环的概念。

【定义 1.2】[57]

考虑逻辑动态网络式(1.44)，其代数形式为式(1.45)。

(1) 如果状态点 $\boldsymbol{x}_0$ 满足等式 $\boldsymbol{L}\boldsymbol{x}_0=\boldsymbol{x}_0$，那么 $\boldsymbol{x}_0$ 称为系统式(1.44)的一个不动点。

(2) 如果序列 $\{\boldsymbol{x}_0,\boldsymbol{L}\boldsymbol{x}_0,\cdots,\boldsymbol{L}^q\boldsymbol{x}_0\}$ 满足 $\boldsymbol{L}^q\boldsymbol{x}_0=\boldsymbol{x}_0$ 且集合 $\{\boldsymbol{x}_0,\boldsymbol{L}\boldsymbol{x}_0,\cdots,\boldsymbol{L}^{q-1}\boldsymbol{x}_0\}$ 中的各元素互不相同，那么序列 $\{\boldsymbol{x}_0,\boldsymbol{L}\boldsymbol{x}_0,\cdots,\boldsymbol{L}^q\boldsymbol{x}_0\}$ 称为系统式(1.44)的一个长度为 q 的极限环。

【定义 1.3】[57,58]

考虑逻辑动态网络式(1.44)。

(1)不动点和极限环统称为吸引子。所有吸引子构成的集合称为吸引集。

(2)状态 $\boldsymbol{x}_0$ 的过渡周期 $T_t(\boldsymbol{x}_0)$ 是满足 $\boldsymbol{x}(0)=\boldsymbol{x}_0$ 和 $\boldsymbol{x}(q)\in\Omega$ 的最小正整数 q，其中 Ω 为系统式(1.44)的吸引集。

(3)布尔网络式(1.44)的过渡周期 T_t 定义为

$$T_t=\max_{\forall x\in\Delta_{k^n}}(T_t(\boldsymbol{x}))$$

1.3 概率布尔控制网络

概率布尔控制网络的一般数学模型为

$$\begin{cases}x_1(t+1)=f_1(u_1(t),\cdots,u_m(t),x_1(t),\cdots,x_n(t))\\x_2(t+1)=f_2(u_1(t),\cdots,u_m(t),x_1(t),\cdots,x_n(t))\\\qquad\cdots\cdots\\x_n(t+1)=f_n(u_1(t),\cdots,u_m(t),x_1(t),\cdots,x_n(t))\end{cases}\tag{1.47}$$

其中，$x_i\in\mathcal{D}(i=1,2,\cdots,n)$ 和 $u_j\in\mathcal{D}(j=1,2,\cdots,m)$ 分别为状态变量和输入变量；$f_i:\mathcal{D}^{m+n}\to\mathcal{D}(i=1,2,\cdots,n)$ 为逻辑函数，选自集合 $\left\{f_i^1,f_i^2,\cdots,f_i^{l_i}\right\}$，而且每一时刻选择 f_i^j 的概率为 P_i^j。根据文献[59]的假设，n 个函数 $f_1,f_2,\cdots,f_n$ 是独立的。也就是说，对于任意两个不同的 n，有

$$P\{f_i=f_i^\alpha,f_j=f_j^\beta\}=P\{f_i=f_i^\alpha\}\cdot P\{f_j=f_j^\beta\}$$

系统式(1.47)有 $N=\prod_{i=1}^{n}l_i$ 个可能网络。为了叙述方便，下面定义一个 $N\times(n+1)$ 矩阵

$$\boldsymbol{K}=\begin{bmatrix}1&1&\cdots&1&1&P_1=\prod_{j=1}^{n}p_j^{\boldsymbol{K}_{1,j}}\\1&1&\cdots&1&2&P_2=\prod_{j=1}^{n}p_j^{\boldsymbol{K}_{2,j}}\\\vdots&\vdots&&\vdots&\vdots&\vdots\\1&1&\cdots&1&l_n&P_{l_n}=\prod_{j=1}^{n}p_j^{\boldsymbol{K}_{l_n,j}}\\1&1&\cdots&2&1&P_{l_n+1}=\prod_{j=1}^{n}p_j^{\boldsymbol{K}_{l_n+1,j}}\\1&1&\cdots&2&2&P_{l_n+2}=\prod_{j=1}^{n}p_j^{\boldsymbol{K}_{l_n+2,j}}\\\vdots&\vdots&&\vdots&\vdots&\vdots\\1&1&\cdots&2&l_n&P_{2l_n}=\prod_{j=1}^{n}p_j^{\boldsymbol{K}_{2l_n,j}}\\\vdots&\vdots&&\vdots&\vdots&\vdots\\l_1&l_2&\cdots&l_{n-1}&l_n&P_N=\prod_{j=1}^{n}p_j^{\boldsymbol{K}_{N,j}}\end{bmatrix}$$

矩阵 $\boldsymbol{K}$ 的每一行都对应一个可能网络，而且第 i 个可能网络被选择的概率为

$$P_i = P\{\text{第}i\text{个网络被选择}\} = \prod_{j=1}^{n} p_j^{\boldsymbol{K}_{i,j}}$$

其中，$\boldsymbol{K}_{i,j}$ 为 $\boldsymbol{K}$ 的第 (i,j) 个元素。

为了更好地理解概率布尔网络和确定性布尔网络的区别，下面先直观地看一个例子。

【例 1.6】

考虑细胞凋亡网络模型[14]：

$$f_1 = \begin{cases} f_1^1 = \neg x_2(t) \wedge u(t), & p_1^1 = 0.6 \\ f_1^2 = x_1(t), & p_1^2 = 0.4 \end{cases}$$
$$f_2 = \begin{cases} f_2^1 = \neg x_1(t) \wedge x_3(t), & p_2^1 = 0.7 \\ f_2^2 = x_2(t), & p_2^2 = 0.3 \end{cases} \tag{1.48}$$
$$f_3 = \begin{cases} f_3^1 = x_2(t) \vee u(t), & p_3^1 = 0.8 \\ f_3^2 = x_3(t), & p_3^2 = 0.2 \end{cases}$$

该系统有 8 个可能网络。相应的矩阵 $\boldsymbol{K}$ 为

$$\boldsymbol{K} = \begin{bmatrix} 1 & 1 & 1 & P_1 = 0.6\times0.7\times0.8 = 0.336 \\ 1 & 1 & 2 & P_2 = 0.6\times0.7\times0.2 = 0.084 \\ 1 & 2 & 1 & P_3 = 0.6\times0.3\times0.8 = 0.144 \\ 1 & 2 & 2 & P_4 = 0.6\times0.3\times0.2 = 0.036 \\ 2 & 1 & 1 & P_5 = 0.4\times0.7\times0.8 = 0.224 \\ 2 & 1 & 2 & P_6 = 0.4\times0.7\times0.2 = 0.056 \\ 2 & 2 & 1 & P_7 = 0.4\times0.3\times0.8 = 0.096 \\ 2 & 2 & 2 & P_8 = 0.4\times0.3\times0.2 = 0.024 \end{bmatrix}$$

矩阵 $\boldsymbol{K}$ 的每一行都对应着一个可能网络。例如，第二行对应的可能网络为

$$\begin{cases} x_1(t+1) = \neg x_2(t) \wedge u(t) \\ x_2(t+1) = \neg x_1(t) \wedge x_3(t) \\ x_3(t+1) = x_3(t) \end{cases} \tag{1.49}$$

其中，网络式(1.49)被选择的概率为 $P_2 = 0.084$。另外，在变量的向量形式下，通过定义 $\boldsymbol{x}(t) = \boldsymbol{x}_1(t) \ltimes \boldsymbol{x}_2(\mathrm{t}) \ltimes \boldsymbol{x}_3(t)$，可以得到网络式(1.49)的代数形式如下：

$$\boldsymbol{x}(t+1) = \boldsymbol{\delta}_8[7,8,3,4,5,8,1,4,7,8,7,8,5,8,5,8]\boldsymbol{u}(t)\boldsymbol{x}(t)$$

1.4　本 章 小 结

本章介绍了书中统一使用的数学符号、后续研究的问题和模型及需要使用的

数学工具，特别是对本书重点使用的矩阵半张量积进行了系统的知识归纳。这些模型包括传统的布尔网络、k-值逻辑(控制)网络、概率布尔(控制)网络。此外，本章还对如何利用矩阵半张量积把上述各种模型等价地转化为对应的代数形式进行了介绍，整理了有效方法及其理论依据，并通过具体实例说明这些方法的使用过程。本章内容对读者学习后续章节的相关内容具有基础性作用。

第 2 章　领导-跟随布尔网络系统的同步化

本章针对领导-跟随布尔网络系统(leader-following Boolean networks system)，提出了一种分析和设计同步化的新方法。首先，利用矩阵半张量积把领导-跟随布尔网络系统等价地转化为其代数形式，进而利用代数形式构造一个相应的误差系统。于是，上述耦合布尔网络的同步化问题可等价地转化为判断误差系统是否能稳定到零向量的问题。通过对误差系统的结构分析发现，误差系统实际上是一个切换系统，并且是以领导系统(leader system)的状态作为切换信号的。基于这一观察，本章将推出领导-跟随布尔网络系统同步的一个充分必要条件，同时将给出一个算法。该算法可以快速判定领导-跟随布尔网络系统是否能达到状态完全同步。其次，本章提供了关于随从系统(follower system)的一个构造性的设计方法，保证了由此方法设计的随从布尔网络将状态完全同步于领导布尔网络。最后，通过两个算例验证上述所得结果的有效性。

2.1　引　　言

众所周知，同步化现象广泛存在。所以，动态系统的同步化研究是一个非常有意义的主题。文献中已报道了大量的相关成果，如文献[60]～文献[62]。同样地，布尔网络的同步化研究也吸引了许多不同领域专家学者的关注。其中，研究人员考虑更多的是随机布尔网络的同步化问题。然而，确定性布尔网络的同步化问题也是有其应用背景的，如细胞周期的耦合振荡模型[63]、大肠杆菌的乳糖操控子模型[64]、生化酶振荡器[65]等。由于随机布尔网络和确定性布尔网络的耦合机理完全不同，所以文献中现有的处理随机布尔网络同步化的方法并不完全适用于确定性布尔网络的情形。最近，针对确定性布尔网络的同步化问题，学者们利用矩阵半张量积方法推出了许多有意义的结果。例如，文献[31]首先研究了不带时滞的布尔网络系统的同步化并给出了相应的同步化判据。文献[65]和文献[66]通过借鉴文献[31]提出的方法分别讨论了带时滞的布尔网络系统和时序布尔网络的同步化。然后，这一研究被推广到了布尔网络簇的同步化情形[67,68]。但是，不难发现这些判据都涉及一些高阶矩阵方程的计算且具有超指数复杂度；同时，从以上文献中很难直接给出布尔网络同步化的设计方法。针对后者，文献

[32]考虑了驱动-响应布尔网络的同步化设计问题，并且在文献[31]的基础上给出了一个设计响应布尔网络的有效方法，以保证被设计的响应布尔网络的状态完全同步于给定的驱动系统。然而，该方法需要计算大量的辅助数据，这无疑增加了计算复杂度。另外，相互耦合的布尔网络簇的同步化设计问题在现有的文献中还未有讨论。因此，本章尝试研究相互耦合的布尔网络簇的同步化问题。

本章将提出关于耦合布尔网络同步化的一种全新的分析方法。简单地讲，首先利用原系统构造一个相应的误差系统，从而将布尔网络的同步化问题转化为误差系统能否稳定到零向量的问题。值得一提的是，这种误差系统既不是布尔网络也不是传统的离散系统。然而，通过观察可以发现上述误差系统其实是一个以领导网络状态作为切换信号的切换系统。另外，我们知道不管领导网络的初始状态在什么位置，其所有的轨迹都将在有限步内进入吸引集合。换言之，误差系统从某一刻起将成为一个周期切换系统。这说明误差系统的稳定性问题(等价于原耦合布尔网络的同步化问题)完全可以从周期切换部分进行考虑。

本章的主要工作如下。

(1)本章提出了一种全新的分析布尔网络同步化的方法。

(2)针对领导-跟随布尔网络系统的状态完全同步化，本章提出了一个充分必要条件。

(3)对于任何逻辑方阵 $\boldsymbol{L}$，本章提出了一个简便算法，该算法能判断是否存在一个正整数 s，使得 $\boldsymbol{L}^s$ 具有相同的列向量。借助这一算法，可以说明本章所提出的同步化条件比现有文献中的相关结果具有更小的复杂度。

(4)本章提出了一个构造性的同步化设计方法，该方法可使所有被设计的随从布尔网络都将在第 $\boldsymbol{T}_t+1$ 步或之前同步于给定的领导网络，其中 $\boldsymbol{T}_t$ 为领导网络的过渡周期。

2.2 预备知识与问题描述

考虑如下领导-跟随布尔网络系统：

$$x_i(t+1) = f_i(x_1(t),\cdots,x_n(t)), \quad i=1,2,\cdots,n \tag{2.1}$$

$$\begin{aligned} y_j^{(k)}(t+1) = g_j^{(k)}(&x_1(t),\cdots,x_n(t),y_1^{(1)}(t),\cdots,y_n^{(t)}(t),\\ &y_1^{(2)}(t),\cdots,y_n^{(2)}(t),\cdots,y_1^{(m)}(t),\cdots,y_n^{(m)}(t))\\ &k=1,2,\cdots,m,\ j=1,2,\cdots,n \end{aligned} \tag{2.2}$$

其中，$x_i \in \mathcal{D}$ 为领导布尔网络式(2.1)的第 i 个状态变量；$y_j^{(k)} \in \mathcal{D}$ 为式(2.2)中第 k 个布尔网络的第 j 个状态变量；$f_i: \mathcal{D}^n \to \mathcal{D}$ 和 $g_j^{(k)}: \mathcal{D}^n \times \mathcal{D}^{mn} \to \mathcal{D}$ 都是布尔函数。为了方便，用 $\boldsymbol{X}(t)=(x_1(t),\cdots,x_n(t))$ 表示领导布尔网络式(2.1)的状态，用

$\boldsymbol{Y}^{(k)}(t)=(y_1^{(k)}(k),\cdots,y_n^{(k)}(k))$ 表示式(2.2)中第 k 个子(随从)网络的状态，并记为 $\boldsymbol{Y}(t)=(\boldsymbol{Y}^{(1)}(t),\boldsymbol{Y}^{(2)}(t),\cdots,\boldsymbol{Y}^{(m)}(t))$。$\boldsymbol{X}(t,\boldsymbol{X}_0)$ 为以 $\boldsymbol{X}_0$ 为初始状态的领导布尔网络式(2.1)的状态轨迹。类似地，用 $\boldsymbol{Y}^{(k)}(t,\boldsymbol{Y}_0,\boldsymbol{X}_0)$ 表示上述第 k 个子网络在初始状态 $\boldsymbol{Y}_0=\boldsymbol{Y}(0)$ 及驱动信号 $\boldsymbol{X}(t,\boldsymbol{X}_0)$ 下的状态轨迹。

下面给出状态完全同步的严格定义。该定义是文献[31]中定义 2 的自然推广。

【定义 2.1】[69]

若对于所有整数 $1\leqslant k\leqslant m$，存在一个正整数 T，使得 $\boldsymbol{Y}^{(k)}(t,\boldsymbol{Y}_0,\boldsymbol{X}_0)=\boldsymbol{X}(t,\boldsymbol{X}_0)$，$\forall t\geqslant T,\forall \boldsymbol{X}_0\in\mathcal{D}^n,\forall \boldsymbol{Y}_0\in\mathcal{D}^{mn}$ 成立，则称领导布尔网络式(2.1)和式(2.2)中所有随从网络能达到状态完全同步，或者称耦合布尔网络系统式(2.1)-式(2.2)能达到状态完全同步。

在逻辑变量的向量形式下，令 $\boldsymbol{x}(t)=\ltimes_{i=1}^n \boldsymbol{x}_i(t)\in\Delta_{2^n}$，$\boldsymbol{y}^{(k)}(t)=\ltimes_{j=1}^n \boldsymbol{y}_j^{(k)}(t)\in\Delta_{2^n}$ 及 $\boldsymbol{y}(t)=\ltimes_{k=1}^m \boldsymbol{y}^{(k)}(t)\in\Delta_{2^{mn}}$。设领导布尔网络式(2.1)和式(2.2)中第 k 个随从网络的结构矩阵分别为 $\boldsymbol{F}$ 和 $\boldsymbol{G}^{(k)}$，那么它们的代数形式为

$$\boldsymbol{x}(t+1)=\boldsymbol{F}\boldsymbol{x}(t) \tag{2.3}$$

$$\boldsymbol{y}^{(k)}(t+1)=\boldsymbol{G}^{(k)}\boldsymbol{x}(t)\boldsymbol{y}(t),\quad k=1,2,\cdots,m \tag{2.4}$$

如引言所述，代数形式式(2.3)和式(2.4)分别等价于逻辑形式式(2.1)和式(2.2)。相应地，符号 $\boldsymbol{x}(t,\boldsymbol{x}_0)$ 和 $\boldsymbol{y}^{(k)}(t,\boldsymbol{y}_0,\boldsymbol{x}_0)$ 分别为轨迹 $\boldsymbol{X}(t,\boldsymbol{X}_0)$ 和 $\boldsymbol{Y}^{(k)}(t,\boldsymbol{Y}_0,\boldsymbol{X}_0)$ 的向量形式。

【定义 2.2】[69]

对于 $m\times n$ 的矩阵 $\boldsymbol{L}$，如果 $\mathrm{Col}_i(\boldsymbol{L})=\mathrm{Col}_j(\boldsymbol{L})$，有 $\forall 1\leqslant i,j\leqslant n$ 成立，则称 $\boldsymbol{L}$ 是一个具有相同列向量的矩阵或称矩阵 $\boldsymbol{L}$ 具有相同列向量。

【注释 2.1】

若 $\boldsymbol{L}\in\mathcal{L}_{m\times n}$ 具有相同列向量，则对于所有整数 $1\leqslant i,j\leqslant n$，等式 $\boldsymbol{L}(\delta_n^i-\delta_n^j)=0_{2^m}$ 均成立。

最后，记 $k^{\{m,n\}}=(k-1)2^{mn}+(k-1)2^{(m-1)n}+\cdots+(k-1)2^n+k$。利用引理 1.1，容易验证

$$\boldsymbol{\Phi}_n^m=\delta_{2^{(m+1)n}}[1^{\{m,n\}},2^{\{m,n\}},3^{\{m,n\}},\cdots,(2^n)^{\{m,n\}}] \tag{2.5}$$

本章的一个目的是给出领导布尔网络式(2.1)[等价于式(2.3)]和式(2.2)[等价于式(2.4)]中所有随从网络能否达到状态完全同步的一个判定条件。另一个目的是给出一种设计随从布尔网络的方法，以使被设计的随从布尔网络的最终状态能完全同步于给定的领导布尔网络。

2.3 同步化判据

首先，构造一个辅助系统。令 $y(t)=y^{(1)}(t)y^{(2)}(t)\cdots y^{(m)}(t), w(t)=(x(t))^m$，$z(t)=y(t)-w(t)\in\Delta_{2^{mn}}$。由式(2.3)、式(2.4)及引理 2.1，有

$$\begin{aligned}y(t+1)&=\boldsymbol{G}^{(1)}\boldsymbol{x}(t)\boldsymbol{y}(t)\boldsymbol{G}^{(2)}\boldsymbol{x}(t)\boldsymbol{y}(t)\cdots\boldsymbol{G}^{(m)}\boldsymbol{x}(t)\boldsymbol{y}(t)\\&=\boldsymbol{G}^{(1)}(\boldsymbol{I}_{2^{(1+m)n}}\otimes\boldsymbol{G}^{(2)})\boldsymbol{\Phi}_{(1+m)n}\boldsymbol{x}(t)\boldsymbol{y}(t)\\&\quad\ltimes\boldsymbol{G}^{(3)}\boldsymbol{x}(t)\boldsymbol{y}(t)\cdots\boldsymbol{G}^{(m)}\boldsymbol{x}(t)\boldsymbol{y}(t)\\&=\boldsymbol{G}^{(1)}\prod_{i=2}^{m}((\boldsymbol{I}_{2^{(1+m)n}}\otimes\boldsymbol{G}^{(i)})\boldsymbol{\Phi}_{(1+m)n})\boldsymbol{x}(t)\boldsymbol{y}(t)\\&=\boldsymbol{H}\boldsymbol{x}(t)\boldsymbol{y}(t)\end{aligned}\tag{2.6}$$

及

$$\begin{aligned}w(t+1)&=\boldsymbol{F}\boldsymbol{x}(t)\boldsymbol{F}\boldsymbol{x}(t)\cdots\boldsymbol{F}\boldsymbol{x}(t)\\&=\boldsymbol{F}(\boldsymbol{I}_{2^n}\otimes\boldsymbol{F})(x(t))^2\boldsymbol{F}\boldsymbol{x}(t)\cdots\boldsymbol{F}\boldsymbol{x}(t)\\&=\boldsymbol{F}\prod_{i=1}^{m-1}(\boldsymbol{I}_{2^{in}}\otimes\boldsymbol{F})\boldsymbol{w}(t)\\&=\left(\bigotimes_{i=1}^{m}\boldsymbol{F}\right)\boldsymbol{w}(t)=\boldsymbol{E}\boldsymbol{w}(t)\end{aligned}\tag{2.7}$$

其中，$\boldsymbol{H}=\boldsymbol{G}^{(1)}\prod_{i=2}^{m}((\boldsymbol{I}_{2^{(1+m)n}}\otimes\boldsymbol{G}^{(i)})\boldsymbol{\Phi}_{(1+m)n}), \boldsymbol{E}=\bigotimes_{i=1}^{m}\boldsymbol{F}$。于是可以推出：

$$\begin{aligned}z(t+1)&=y(t+1)-\boldsymbol{w}(t+1)\\&=\boldsymbol{H}\boldsymbol{x}(t)\boldsymbol{y}(t)-\boldsymbol{E}\boldsymbol{w}(t)\\&=\boldsymbol{H}\boldsymbol{x}(t)(z(t)+\boldsymbol{w}(t))-\boldsymbol{E}\boldsymbol{w}(t)\\&=\boldsymbol{H}\boldsymbol{x}(t)z(t)+\boldsymbol{H}(\boldsymbol{x}(t))^{m+1}-\boldsymbol{E}(\boldsymbol{x}(t))^m\\&=\boldsymbol{H}\boldsymbol{x}(t)z(t)+(\boldsymbol{H}\boldsymbol{\Phi}_n^m-\boldsymbol{E}\boldsymbol{\Phi}_n^{m-1})\boldsymbol{x}(t)\end{aligned}\tag{2.8}$$

现定义领导布尔网络式(2.3)和随从布尔网络式(2.4)的误差为

$$z(t+1)=\boldsymbol{H}\boldsymbol{F}^t\boldsymbol{x}_0z(t)+(\boldsymbol{H}\boldsymbol{\Phi}_n^m-\boldsymbol{E}\boldsymbol{\Phi}_n^{m-1})\boldsymbol{F}^t\boldsymbol{x}_0\tag{2.9}$$

其中，$\boldsymbol{x}_0=\boldsymbol{x}(0)\in\Delta_{2^n}, \boldsymbol{y}_0=\boldsymbol{y}(0)\in\Delta_{2^{mn}}$ 及 $z(0)=\boldsymbol{y}_0-\boldsymbol{x}_0^m$（$z(0)$ 通常记为 z_0）。在下面的讨论中，通常记 $z(t,z_0,\boldsymbol{x}_0)$ 为误差系统式(2.9)在驱动信号 $\boldsymbol{x}(t,\boldsymbol{x}_0)$ 下从 z_0 出发的状态轨迹。

误差状态 $z(t)=\boldsymbol{y}(t)-\boldsymbol{x}(t)^m$ 是一个关于时间 t 的 $(2^{(m+1)n}-2^n+1)$ 值变量。误差系统式(2.9)既不是布尔网络也不是传统的离散时间系统，它是一种切换系统。切换信号为 $\boldsymbol{F}^t\boldsymbol{x}_0$，而且这种信号从第 $T_t(\boldsymbol{x}_0)$ 步进入周期序列，其中 $T_t(\boldsymbol{x}_0)$ 是领导布

尔网络式(2.1)始发于 $\boldsymbol{x}_0$ 的过渡周期。通过这一观察，可以发现利用周期序列来考虑上述同步化问题是比较方便的。注意到，$\boldsymbol{z}(t)=\boldsymbol{y}(t)-\boldsymbol{x}(t)^m=0_{2^{mn}}$ 成立当且仅当 $\boldsymbol{x}(t)=\boldsymbol{y}_1(t)=\boldsymbol{y}_2(t)=\cdots=\boldsymbol{y}_m(t)$。基于这一事实，下面给出耦合布尔网络式(2.1)-式(2.2)状态完全同步的一个充分必要条件。

【引理 2.1】

在式(2.2)[或等价于式(2.4)]中所有随从系统的状态能完全同步于领导布尔网络式(2.1)[等价于式(2.3)]，当且仅当存在一个正整数 T，使得 $\boldsymbol{z}(t,\boldsymbol{z}_0,\boldsymbol{x}_0)=0_{2^{mn}},\forall t\geqslant T,\forall\boldsymbol{x}_0\in\Delta_{2^n},\forall\boldsymbol{y}_0\in\Delta_{2^{mn}}$，其中，$\boldsymbol{z}_0=\boldsymbol{y}_0-\boldsymbol{x}_0^m$。

证明　根据定义 2.1，领导布尔网络式(2.1)和式(2.2)中所有的随从布尔网络能达到状态完全同步，当且仅当对于所有整数$1\leqslant k\leqslant m$，存在一个正整数 T，使得对于任意初始状态 $\boldsymbol{x}_0\in\Delta_{2^n},\boldsymbol{y}_0\in\Delta_{2^{mn}}$ 和任意时刻$t\geqslant T$，等式 $\boldsymbol{y}^{(k)}(t,\boldsymbol{y}_0,\boldsymbol{x}_0)=\boldsymbol{x}(t,\boldsymbol{x}_0)$ 或 $\boldsymbol{z}(t,\boldsymbol{z}_0,\boldsymbol{x}_0)=\boldsymbol{y}(t,\boldsymbol{y}_0,\boldsymbol{x}_0)-(\boldsymbol{x}(t,\boldsymbol{x}_0))^m=0_{2^{mn}}$ 成立，其中，$\boldsymbol{z}_0=\boldsymbol{y}_0-\boldsymbol{x}_0^m$。另外，注意到，布尔网络式(2.1)和式(2.2)分别等价于其代数形式式(2.3)和式(2.4)。因此，命题得证。

下面给出本章的第一个主定理。该定理给出了上述耦合布尔网络系统式(2.1)-式(2.2)完全同步的一个充分必要条件。为叙述方便，记 $\boldsymbol{E}=[\boldsymbol{e}_1\ \boldsymbol{e}_2\cdots\boldsymbol{e}_{2^{mn}}],\boldsymbol{H}=[\boldsymbol{h}_1\ \boldsymbol{h}_2\cdots\boldsymbol{h}_{2^{(m+1)n}}],\boldsymbol{H}_i=[\boldsymbol{h}_{(i-1)2^{mn}+1}\boldsymbol{h}_{(i-1)2^{mn}+2}\cdots\boldsymbol{h}_{i2^{mn}}](i=1,2,\cdots,2^n)$，其中，$\boldsymbol{e}_j$ 和 $\boldsymbol{h}_j$ 分别为 $\boldsymbol{E}$ 和 $\boldsymbol{H}$ 的第 j 列。

【定理 2.1】

设领导布尔网络式(2.1)有 s_0 个不动点，即

$$\boldsymbol{\delta}_{2^n}^{i_1},\boldsymbol{\delta}_{2^n}^{i_2},\cdots,\boldsymbol{\delta}_{2^n}^{i_{s_0}}$$

r 个极限环，即

$$C_1:\boldsymbol{\delta}_{2^n}^{i_{s_0+1}}\to\boldsymbol{\delta}_{2^n}^{i_{s_0+2}}\to\ldots\to\boldsymbol{\delta}_{2^n}^{i_{s_1}}$$

$$C_2:\boldsymbol{\delta}_{2^n}^{i_{s_1+1}}\to\boldsymbol{\delta}_{2^n}^{i_{s_1+2}}\to\ldots\to\boldsymbol{\delta}_{2^n}^{i_{s_2}}$$

$$\cdots\cdots$$

$$C_r:\boldsymbol{\delta}_{2^n}^{i_{s_{r-1}+1}}\to\boldsymbol{\delta}_{2^n}^{i_{s_{r-1}+2}}\to\ldots\to\boldsymbol{\delta}_{2^n}^{i_{s_r}}$$

则领导布尔网络式(2.1)和式(2.2)中所有随从网络能达到状态完全同步，当且仅当同时满足下面两个条件：

(1)对于所有整数$1\leqslant j\leqslant s_r$，等式 $\boldsymbol{h}_{i_j^{\{m,\ n\}}}=\boldsymbol{e}_{i_j^{\{m-1,\ n\}}}$ 均成立；

(2)存在正整数 $p_j(j=1,2,\cdots,s_0)$ 和 $q_k(k=0,1,\cdots,r-1)$，使得 $\boldsymbol{H}_{i_j}^{p_j}$ 和 $(\boldsymbol{H}_{i_{s_{k+1}}}\cdots\boldsymbol{H}_{i_{s_{k+2}}}\boldsymbol{H}_{i_{s_{k+1}}})^{q_k}$ 都是列相同矩阵。

证明　(必要性)　根据引理 2.1，存在一个正整数 T，使得 $\boldsymbol{z}(t,\boldsymbol{z}_0,\boldsymbol{x}_0)=0_{2^{mn}},\forall t\geqslant$

$T, \forall \boldsymbol{x}_0 \in \Delta_{2^n}, \forall \boldsymbol{y}_0 \in \Delta_{2^{mn}}$，其中，$z_0 = \boldsymbol{y}_0 - \boldsymbol{x}_0^m$。那么，可知

$$0_{2^{mn}} = 0_{2^{mn}} + (\boldsymbol{H\Phi}_n^m - \boldsymbol{E\Phi}_n^{m-1})\boldsymbol{F}^t \boldsymbol{x}_0, \forall t \geqslant T \tag{2.10}$$

记领导布尔网络式(2.1)的过渡周期为T_t，即T_t为所有状态点进入布尔网络式(2.1)吸引集Ω的最小步数，其中$\Omega = \{\boldsymbol{\delta}_{2^n}^{i_j} | 1 \leqslant j \leqslant s_r\}$。因为式(2.1)的所有吸引域构成状态空间$\Delta_{2^n}$的一个划分，所以只要$t \geqslant T_t$，系统式(2.1)的轨迹$\boldsymbol{x}(t, \boldsymbol{x}_0)$一定是在某一个吸引子内。因此，不管初始状态$\boldsymbol{x}_0$位于何处，都将有$\boldsymbol{F}^t \boldsymbol{x}_0 \in \Omega$成立。此外，根据式(2.5)可以得到

$$\begin{aligned} \boldsymbol{H\Phi}_n^m - \boldsymbol{E\Phi}_n^{m-1} = [&\boldsymbol{h}_{1^{\{m,n\}}} - \boldsymbol{e}_{1^{\{m-1,n\}}} \quad \boldsymbol{h}_{2^{\{m,n\}}} - \boldsymbol{e}_{2^{\{m-1,n\}}} \\ &\boldsymbol{h}_{3^{\{m,n\}}} - \boldsymbol{e}_{3^{\{m-1,n\}}} \cdots \boldsymbol{h}_{(2^n)^{\{m,n\}}} - \boldsymbol{e}_{(2^n)^{\{m-1,n\}}}] \end{aligned} \tag{2.11}$$

所以，由式(2.10)和式(2.11)推出，当$t \geqslant \max\{T, T_t\}$，有

$$\begin{aligned} (\boldsymbol{H\Phi}_n^m - \boldsymbol{E\Phi}_n^{m-1})\boldsymbol{F}^t \boldsymbol{x}_0 &= (\boldsymbol{H\Phi}_n^m - \boldsymbol{E\Phi}_n^{m-1})\delta_{2^n}^{k_t} \\ &= \boldsymbol{h}_{k_t^{\{m,n\}}} - \boldsymbol{e}_{k_t^{\{m-1,n\}}} \\ &= 0_{2^{mn}} \end{aligned} \tag{2.12}$$

其中，$\boldsymbol{\delta}_{2^n}^{k_t} = \boldsymbol{F}^t \boldsymbol{x}_0 \in \Omega$。由于初始状态$\boldsymbol{x}_0$是任意选择的，所以有$\boldsymbol{h}_{i_j^{\{m,n\}}} = \boldsymbol{e}_{i_j^{\{m-1,n\}}}$ $(1 \leqslant j \leqslant s_r)$。

为了证明条件(2)，选择初始状态$\boldsymbol{x}_0 = \boldsymbol{\delta}_{2^n}^{i_j} (1 \leqslant j \leqslant s_r)$，并将其代入式(2.9)，于是得到

$$z(t+1) = \boldsymbol{HF}^t \boldsymbol{x}_0 z(t) = [\boldsymbol{H}_1 \boldsymbol{H}_2 \cdots \boldsymbol{H}_{2^n}]\boldsymbol{F}^t \boldsymbol{x}_0 z(t) \tag{2.13}$$

对式(2.13)，下面分两种情形进行讨论。

情形 1：当$\boldsymbol{x}_0$是一个不动点$\boldsymbol{\delta}_{2^n}^{i_j}$ $(1 \leqslant j \leqslant s_0)$时，由式(2.13)得到$z(\mathrm{t}+1) = \boldsymbol{H}_{i_j} z(t)$。这包含了$z(t) = \boldsymbol{H}_{i_j}^t z_0$，其中，$z_0 = \boldsymbol{y}_0 - (\boldsymbol{\delta}_{2^n}^{i_j})^m$且$\boldsymbol{y}_0 \in \Delta_{2^{mn}}$。因此，根据引理 2.1，存在一个整数$p_j \leqslant T$，使得

$$z(p_j) = \boldsymbol{H}_{i_j}^{p_j}(\boldsymbol{y}_0 - (\boldsymbol{\delta}_{2^n}^{i_j})^m) = 0_{2^{mn}} \tag{2.14}$$

由于初始状态$\boldsymbol{y}_0$是任意选择的，所以式(2.14)蕴含了$\boldsymbol{H}_{i_j}^{p_j}$且具有相同的列向量。

情形 2：当初始状态$\boldsymbol{x}_0$在极限环$C_{k+1} (0 \leqslant k \leqslant r-1)$上，不失一般性，设$\boldsymbol{x}_0 = \boldsymbol{\delta}_{2^n}^{i_{s_k+1}}$。将这一初始状态代入式(2.13)，容易得到

$$
\begin{aligned}
&z(1)=\left[\boldsymbol{H}_1\boldsymbol{H}_2\cdots\boldsymbol{H}_{2^n}\right]\boldsymbol{\delta}_{2^n}^{i_{s_k+1}}\boldsymbol{z}_0=\boldsymbol{H}_{i_{s_k+1}}\boldsymbol{z}_0\\
&z(2)=\left[\boldsymbol{H}_1\boldsymbol{H}_2\cdots\boldsymbol{H}_{2^n}\right]\boldsymbol{F}\boldsymbol{\delta}_{2^n}^{i_{s_k+1}}z(1)=\boldsymbol{H}_{i_{s_k+2}}\boldsymbol{H}_{i_{s_k+1}}\boldsymbol{z}_0\\
&\cdots\cdots\\
&z(s_{k+1}-s_k)=\boldsymbol{H}_{i_{s_{k+1}}}\cdots\boldsymbol{H}_{i_{s_k+2}}\boldsymbol{H}_{i_{s_k+1}}\boldsymbol{z}_0\\
&z(q_k(s_{k+1}-s_k))=(\boldsymbol{H}_{i_{s_{k+1}}}\cdots\boldsymbol{H}_{i_{s_k+2}}\boldsymbol{H}_{i_{s_k+1}})^{q_k}\boldsymbol{z}_{k-1}
\end{aligned}
\tag{2.15}
$$

另外，注意到这样一个事实，一定存在一个整数 $q_k \leqslant T$，使得 $q_k(s_{k+1}-s_k) \geqslant T$。于是，有 $\boldsymbol{z}(q_k(s_{k+1}-s_k))=(\boldsymbol{H}_{i_{s_{k+1}}}\cdots\boldsymbol{H}_{i_{s_k+2}}\boldsymbol{H}_{i_{s_k+1}})^{q_k}\boldsymbol{z}_0=0_{2^{mn}}$。类似于情形 1，可以得出结论 $(\boldsymbol{H}_{i_{s_{k+1}}}\cdots\boldsymbol{H}_{i_{s_k+2}}\boldsymbol{H}_{i_{s_k+1}})^{q_k}$ 具有相同的列向量。

（充分性）　因为对于任意 $t \geqslant T_t$ 和 $\boldsymbol{x}_0 \in \Delta_{2^n}$，有 $\boldsymbol{F}^t\boldsymbol{x}_0 \in \Omega$，即 $\boldsymbol{F}^t\boldsymbol{x}_0=\boldsymbol{\delta}_{2^n}^{i_j}$ $(1 \leqslant j \leqslant s_r)$，所以由条件(1)推出：

$$(\boldsymbol{H}\boldsymbol{\Phi}_n^m-\boldsymbol{E}\boldsymbol{\Phi}_n^{m-1})\boldsymbol{F}^t\boldsymbol{x}_0 \equiv 0_{2^{mn}},\ t \geqslant T_t$$

因此，当 $t \geqslant T_t$ 时，误差系统式(2.9)可以重新写为

$$\boldsymbol{z}(t+1)=[\boldsymbol{H}_1\boldsymbol{H}_2\cdots\boldsymbol{H}_{2^n}]\boldsymbol{F}^t\boldsymbol{x}_0\boldsymbol{z}(t) \tag{2.16}$$

若 $\boldsymbol{z}(T_t)=0_{2^{mn}}$，则由式(2.16)得到 $\boldsymbol{z}(t)\equiv 0_{2^{mn}}$，$t \geqslant T_t$。否则，对式(2.16)将分两种情形讨论。为了叙述方便，记吸引子 C 的吸引域为 $B(t)$。

情形 1′：当 $\boldsymbol{x}_0 \in B(\boldsymbol{\delta}_{2^n}^{i_j})(1 \leqslant j \leqslant s_0)$ 时，有 $\boldsymbol{x}(t)=\boldsymbol{F}^t\boldsymbol{x}_0=\boldsymbol{\delta}_{2^n}^{i_j}$，$t \geqslant T_t$。因此，根据式(2.16)，可得到 $\boldsymbol{z}(T_t+p_j)=\boldsymbol{H}_{i_j}^{p_j}\boldsymbol{z}(T_t)$。因为 $\boldsymbol{H}_{i_j}^{p_j}$ 有相同的列向量，所以 $\boldsymbol{z}(T_t+p_j)=0_{2^{mn}}$ 且 $\boldsymbol{z}(t,\boldsymbol{y}_0-\boldsymbol{x}_0^m,\boldsymbol{x}_0)=0_{2^{mn}}$，$\forall t \geqslant T_t+p_j$，$\forall \boldsymbol{y}_0 \in \Delta_{2^{mn}}$。

情形 2′：当 $\boldsymbol{x}_0 \in B(C_{k+1})(0 \leqslant k \leqslant r-1)$ 时，一定存在一个对应的整数 $t_{\boldsymbol{x}_0}$，使得 $\boldsymbol{x}(t_{\boldsymbol{x}_0})=\boldsymbol{\delta}_{2^n}^{i_{s_k+1}}$ 成立。因此，由式(2.16)得到 $\boldsymbol{z}(q_k(s_{k+1}-s_k)+t_{\boldsymbol{x}_0})=(\boldsymbol{H}_{i_{s_{k+1}}}\cdots\boldsymbol{H}_{i_{s_k+2}}\boldsymbol{H}_{i_{s_k+1}})^{q_k}$ $\boldsymbol{z}(t_{\boldsymbol{x}_0})$。类似于对情形 1′的分析，可以推出 $\boldsymbol{z}(t,\boldsymbol{y}_0-\boldsymbol{x}_0^m,\boldsymbol{x}_0)=0_{2^{mn}}$，$\forall t \geqslant q_k(s_{k+1}-s_k)+t_{\boldsymbol{x}_0}$，$\forall \boldsymbol{y}_0 \in \Delta_{2^{mn}}$。

因为状态空间 Δ_{2^n} 是一个有限集合，所以情形 1′ 和情形 2′ 的分析结果说明一定存在一个正整数 T，使得 $\boldsymbol{z}(t,\boldsymbol{y}_0-\boldsymbol{x}_0^m,\boldsymbol{x}_0)=0_{2^{mn}},\forall t \geqslant T,\forall \boldsymbol{x}_0 \in \Delta_{2^n},\forall \boldsymbol{y}_0 \in \Delta_{2^{mn}}$。因此，根据引理 2.1，可以推出领导布尔网络式(2.1)和式(2.2)中所有子网络能从第 T 步达到状态完全同步。

【注释 2.2】

由定理 2.1 的证明过程可以看出，如果布尔网络系统式(2.1)-式(2.2)能从第 T 步达到完全同步，那么必定存在这样的正整数 p_j、q_k，这些整数不仅能够满足定理 2.1 的条件(2)而且还小于或等于 T。

【注释 2.3】

对于小规模的布尔网络，其吸引子，即不动点和极限环，既可以通过蛮力进行计算也可以通过文献[57]提供的方法进行计算。对于大规模或中等规模的布尔网络，文献[11]和文献[12]给出了一些计算方法。但是人们不可能找到一个一般性的方法来计算规模较大的布尔网络的吸引子。关于这一点，文献[70]已经证明了布尔网络的相关问题，其计算复杂度都是 NP 难问题。因此，人们针对一些特殊类型的大规模布尔网络研究了吸引子的求解方法。例如，文献[13]提出了聚集算法，该算法可以很方便地求解一类大规模布尔网络的吸引子。因此，利用吸引子来分析耦合布尔网络的同步化问题是很有意义的。

当式(2.2)中只有一个随从网络时，领导-跟随布尔网络退化为驱动-响应布尔网络。下面考虑驱动-响应布尔网络：

$$x_i(t+1)=f^{(i)}(x_1(t),\cdots,x_n(t)),\quad i=1,2,\cdots,n \tag{2.17}$$

$$y_j(t+1)=g^{(j)}(y_1(t),\cdots,y_n(t),x_1(t),\cdots,x_n(t)),\quad j=1,2,\cdots,n \tag{2.18}$$

其中，网络式(2.17)为驱动系统，网络式(2.18)为响应系统。

在逻辑变量的向量形式下，驱动-响应布尔网络式(2.17)-式(2.18)的代数形式为

$$\boldsymbol{x}(t+1)=\boldsymbol{F}\boldsymbol{x}(t) \tag{2.19}$$

$$\boldsymbol{y}(t+1)=\boldsymbol{G}\boldsymbol{x}(t)\boldsymbol{y}(t) \tag{2.20}$$

为了方便，通常记

$$\begin{aligned}&\boldsymbol{F}=[f_1\quad f_2\quad\cdots\quad f_{2^n}]\\&\boldsymbol{G}=[g_1\quad g_2\quad\cdots\quad g_{2^{2n}}]\\&\boldsymbol{G}_i=[g_{(i-1)2^n+1}\quad g_{(i-1)2^n+2}\quad\cdots\quad g_{i2^n}],\quad i=1,2,\cdots,2^n\end{aligned} \tag{2.21}$$

其中，f_j 和 g_j 分别为矩阵 $\boldsymbol{F}$ 和 $\boldsymbol{G}$ 的第 j 列。

于是，由定理 2.1 可以直接得出下面推论。

【推论 2.1】

设驱动系统式(2.17)有 s_0 个不动点

$$\boldsymbol{\delta}_{2^n}^{i_1},\boldsymbol{\delta}_{2^n}^{i_2},\cdots,\boldsymbol{\delta}_{2^n}^{i_{s_0}}$$

和 r 个极限环

$$C_1:\boldsymbol{\delta}_{2^n}^{i_{s_0}+1}\to\boldsymbol{\delta}_{2^n}^{i_{s_0}+2}\to\ldots\to\boldsymbol{\delta}_{2^n}^{i_{s_1}}$$

$$C_2:\boldsymbol{\delta}_{2^n}^{i_{s_1}+1}\to\boldsymbol{\delta}_{2^n}^{i_{s_1}+2}\to\ldots\to\boldsymbol{\delta}_{2^n}^{i_{s_2}}$$

……

$$C_r:\boldsymbol{\delta}_{2^n}^{i_{s_{r-1}}+1}\to\boldsymbol{\delta}_{2^n}^{i_{s_{r-1}}+2}\to\ldots\to\boldsymbol{\delta}_{2^n}^{i_{s_r}}$$

那么，驱动-响应布尔网络式(2.17)-式(2.18)［等价于式(2.19)-式(2.20)］能达到状

态完全同步，当且仅当下面两个条件同时被满足：

(1) 对于所有满足$1\leqslant j\leqslant s_r$的整数$j$，等式 $f_{i_j}=g_{(i_j-1)2^n+i_j}$ 均成立；

(2) 存在正整数 $p_j(j=1,2,\cdots,s_0)$ 和 $q_k(k=0,1,\cdots,r-1)$，使得 $\boldsymbol{G}_{i_j}^{p_j}$ 和 $(\boldsymbol{G}_{i_{s_{k+1}}}\cdots\boldsymbol{G}_{i_{s_{k+2}}}\boldsymbol{G}_{i_{s_{k+1}}})^{q_k}$ 分别都是列相同矩阵。

2.4　算　　法

为了更有效地利用定理 2.1 判断布尔网络系统式(2.1)～式(2.4)的同步化问题，下面提供一个算法。为此，首先回顾一个重要事实。由文献[18]中的定义 4.5 和文献[71]中的定理 3.1 可以知道，对于一个逻辑矩阵 $\boldsymbol{L}\in\mathcal{L}_{2^{mn}\times 2^{mn}}$，存在一个整数 s，使得 $\boldsymbol{L}^s$ 具有相同列向量 $\boldsymbol{\delta}_{2^{mn}}^i$，即 $\mathrm{Row}_i(\boldsymbol{L})\boldsymbol{L}^{s-1}=1_{2^{mn}}^{\mathrm{T}}$，当且仅当系统 $x(t+1)=\boldsymbol{L}x(t)$ 有唯一一个不动点 $\boldsymbol{\delta}_{2^{mn}}^i$ 作为它的吸引子。于是按照文献[57]的命题 5.5，下面结论成立。

【命题 2.1】

如果存在一个正整数 s，使得 $\boldsymbol{L}^s$ 有相同列向量 $\boldsymbol{\delta}_{2^{mn}}^i$，其中 $\boldsymbol{L}\in\mathcal{L}_{2^{mn}\times 2^{mn}}$，则 $\boldsymbol{L}$ 的第 i 个对角元素为 1。

下面再给出一个命题。

【命题 2.2】

如果矩阵 $\boldsymbol{L}\in\mathcal{L}_{2^{mn}\times 2^{mn}}$ 的主对角线上第 i 个元素是 $l_{ii}=1$，那么存在一个正整数 $s\leqslant 2^{mn}$，使得对于任意的非负整数 r，有下面式子成立：

$$\mathrm{Row}_i(\boldsymbol{L})<\mathrm{Row}_i(\boldsymbol{L})\boldsymbol{L}<\cdots<\mathrm{Row}_i(\boldsymbol{L})\boldsymbol{L}^{s-1}=\cdots=\mathrm{Row}_i(\boldsymbol{L})\boldsymbol{L}^{s+r}=\cdots \tag{2.22}$$

证明　设 $\mathrm{Row}_i(\boldsymbol{L})=[a_1\ \ a_2\ \ \cdots\ \ a_{2^{mn}}]$。显然，$a_i=l_{ii}=1$。那么对于任意正整数 q，有

$$\begin{aligned}\mathrm{Row}_i(\boldsymbol{L})\boldsymbol{L}^q-\mathrm{Row}_i(\boldsymbol{L})\boldsymbol{L}^{q-1}&=\sum_{k=1}^{2^{mn}}a_k\mathrm{Row}_k(\boldsymbol{L})L^{q-1}-\mathrm{Row}_i(\boldsymbol{L})\boldsymbol{L}^{q-1}\\&=\sum_{k=1,\ k\neq i}^{2^{mn}}a_k\mathrm{Row}_k(\boldsymbol{L})\boldsymbol{L}^{q-1}\\&\geqslant 0_{2^{mn}}^T\end{aligned} \tag{2.23}$$

因此，对于上述整数 q，不等式 $\mathrm{Row}_i(\boldsymbol{L})\boldsymbol{L}^{q-1}\leqslant\mathrm{Row}_i(\boldsymbol{L})\boldsymbol{L}^q$ 成立。这就保证了满足关系式(2.24)的整数 $s\leqslant 2^{mn}$ 的存在性，即

$$\mathrm{Row}_i(\boldsymbol{L})\boldsymbol{L}^{s-1}=\mathrm{Row}_i(\boldsymbol{L})\boldsymbol{L}^s \tag{2.24}$$

此外，可以验证，如果存在一个正整数 s，使得 $\mathrm{Row}_i(\boldsymbol{L})\boldsymbol{L}^{s-1}=\mathrm{Row}_i(\boldsymbol{L})\boldsymbol{L}^{s}$ 成立，那么对于任意非负整数 r，等式 $\mathrm{Row}_i(\boldsymbol{L})\boldsymbol{L}^{s-1}=\mathrm{Row}_i(\boldsymbol{L})\boldsymbol{L}^{s+r}$ 也一定成立。

【注释 2.4】

根据命题 2.2 可以判断是否存在一个正整数 s，使得 $\boldsymbol{L}^s$ 是列向量相同的矩阵。事实上，仅需要检测式(2.22)中的 $\mathrm{Row}_i(\boldsymbol{L})\boldsymbol{L}^{s-1}$。具体来说，如果 $\mathrm{Row}_i(L)\boldsymbol{L}^{s-1}=1_{2^{mn}}^{\mathrm{T}}$，那么 L^s 有相同的列向量 $\boldsymbol{\delta}_{2^{mn}}^i$；否则，对于任意正整数 q，矩阵 $\boldsymbol{L}^q$ 都不是列向量相同的矩阵。

基于命题 2.1 和命题 2.2，下面算法自然成立。

【算法 2.1】

根据该算法可以判断是否存在一个正整数 s，使得 $\boldsymbol{L}^s$ 有相同的列向量，其中 $\boldsymbol{L}\in\mathcal{L}_{2^{mn}\times 2^{mn}}$。记 $\mathrm{Row}_i(\boldsymbol{L})\boldsymbol{L}^{-1}=[0\cdots 0\,1\,0\cdots 0]$，即 $\mathrm{Row}_i(\boldsymbol{L})\boldsymbol{L}^{-1}$ 中第 i 个元素为 1 而其他元素为 0。

• 步骤 1 检测矩阵 $\boldsymbol{L}$ 中是否存在非零对角元素。如果存在，找一个非零对角元素，如 $l_{ii}=1$。令 $s=1$，并进入步骤 2。否则，停止计算，可以确定对于任意正整数 q，矩阵 $\boldsymbol{L}^q$ 都不是列向量相同的矩阵。

• 步骤 2 计算 $\mathrm{Row}_i(\boldsymbol{L})\boldsymbol{L}^{s-1}$，并检测 $\mathrm{Row}_i(\boldsymbol{L})\boldsymbol{L}^{s-1}=1_{2^{mn}}^{\mathrm{T}}$ 是否成立。如果成立，停止计算，$\boldsymbol{L}^s$ 是列向量相同的矩阵，并且相同列向量为 $\boldsymbol{\delta}_{2^{mn}}^i$。否则，进入步骤 3。

• 步骤 3 检测 $\mathrm{Row}_i(\boldsymbol{L})\boldsymbol{L}^{s-1}=\mathrm{Row}_i(\boldsymbol{L})\boldsymbol{L}^{s-2}$ 是否成立。如果成立，停止计算，可以确定 $\boldsymbol{L}^q(q=1,2,\cdots)$ 都不是列向量相同的矩阵。否则，令 $s=s+1$ 并返回步骤 2。

【注释 2.5】

对于定理 2.1 中的矩阵 $\boldsymbol{H}_{i_j}$ 和 $\boldsymbol{H}_{i_{s_{k+1}}}\cdots\boldsymbol{H}_{i_{s_k+2}}\boldsymbol{H}_{i_{s_k+1}}$，应用算法 2.1 可以尽快地确定耦合布尔网络系统式(2.1)-式(2.2)[等价于式(2.3)-式(2.4)]能否达到状态完全同步。

2.5 定理 2.1 的复杂度分析

定理 2.1 提供的同步化判据主要由以下三部分构成。

• P1.求领导布尔网络式(2.1)的吸引子。

• P2.检测定理 2.1 的条件(1)。

• P3.检测定理 2.1 的条件(2)(这部分由算法 2.1 实现)。

首先，计算算法 2.1 的复杂度。为了方便起见，记满足关系 $\mathrm{Row}_i(\boldsymbol{L})\boldsymbol{L}^{s-1}=\mathrm{Row}_i(\boldsymbol{L})\boldsymbol{L}^{s-2}$ 的最小正整数 s 为 s^*。于是算法 2.1 中步骤 1 的复杂度为 $O(2^{mn})$。同时可以发现，步骤 2 和步骤 3 的复杂度由 $O((s^*-1)2^{2mn})$ 主导。因此，算法 2.1 的

复杂度为$O((s^*-1)2^{2mn})$。

下面分别讨论 P1、P2 及 P3 的复杂度。首先计算 P3 的复杂度。对于任意一个极限环C_{k+1}，需要计算$\boldsymbol{H}_{i_{s_{k+1}}}\cdots\boldsymbol{H}_{i_{s_k+2}}\boldsymbol{H}_{i_{s_k+1}}$，而这个计算过程的复杂度是$O((s_{k+1}-s_k-1)2^{3mn})$。根据算法 2.1 的复杂度可知，P3 的复杂度为$O\left(\sum_{j=1}^{s_0}(p_j-1)2^{2mn}+\sum_{k=0}^{r-1}((q_k-1)2^{2mn}+(s_{k+1}-s_k-1))2^{3mn}\right)$，其中 p_j、$q_k \leqslant T^*$，而T^*是布尔网络系统式(2.1)-式(2.2)能达到同步的最小步数。因此，如果式(2.1)以唯一一个不动点作为其吸引子，那么 P3 的复杂度是$O\left(\sum_{j=1}^{s_0}(p_j-1)2^{2mn}\right)$，而这一复杂度小于或等于$O(s_0(T^*-1)2^{2mn})$，否则 P3 的复杂度被$O\left(\sum_{k=0}^{r-1}((s_{k+1}-s_k-1)2^{3mn})=O((s_r-s_0-r)2^{3mn})\right)$主导。对于 P2，其复杂度为$O(s_r 2^{mn})$。因此，如果和 P3 的复杂度相比，P2 的复杂度可以忽略不计。至于 P1 的复杂度，注意到系统式(2.1)有2^n个不同的状态且从每一状态更新到另一状态都是唯一的。所以，计算领导布尔网络式(2.1)的所有吸引子的复杂度为$O(2^n)$。同上分析，P1 的复杂度也可忽略不计。

总结上述讨论，可以得到结论如下：如果系统式(2.1)只有一个不动点作为其吸引子，那么定理 2.1 的计算复杂度不超过$O(s_0(T^*-1)2^{2mn})$，否则定理 2.1 的复杂度为$O((s_r-s_0-r)2^{3mn})$。当$m=1$时，上述布尔网络系统式(2.1)-式(2.2)的同步化问题退化为驱动-响应布尔网络的状态完全同步化问题（文献[31]已对这一问题进行了研究）。文献[31]中定理 4 的复杂度为$O((T^*-1)2^{5n})$。将本章结果和文献[31]中的定理 4 进行比较，可以明显地发现本章定理 2.1 在算法 2.1 的协助下具有比文献[31]中定理 4 更小的计算复杂度。

2.6　同步化设计

定理 2.1 蕴含了关于随从布尔网络的一个有效的设计方法。下面以定理的形式给出这一方法。

【定理 2.2】

设领导布尔网络式(2.1)的吸引集为$\Omega=\{\boldsymbol{\delta}_{2^n}^{i_j}|1\leqslant j\leqslant s_r\}$。如果对于每一整数$1\leqslant j\leqslant s_r$，满足

$$\begin{aligned}&\boldsymbol{H}_{i_j}=[\boldsymbol{e}_{i_j\{m-1,\ n\}}\quad \boldsymbol{e}_{i_j\{m-1,\ n\}}\quad\cdots\quad \boldsymbol{e}_{i_j\{m-1,\ n\}}]\\&\text{i.e.,}\ \boldsymbol{h}_{(i_j-1)2^{mn}+k}=\boldsymbol{e}_{i_j\{m-1,\ n\}},\ 1\leqslant k\leqslant 2^{mn}\end{aligned}\tag{2.25}$$

其中，T_t 为领导布尔网络式(2.1)的过渡周期，则布尔网络系统式(2.1)-式(2.2)最迟在第 T_t+1 步达到状态完全同步。

证明 注意到，对于任意 $t \geqslant T_t$ 和任意 $\boldsymbol{x}_0 \in \Delta_{2^n}$，有 $\boldsymbol{F}^t \boldsymbol{x}_0 \in \Omega$，即 $\boldsymbol{F}^t \boldsymbol{x}_0 = \boldsymbol{\delta}_{2^n}^{i_j}, (1 \leqslant j \leqslant s_r)$。由式(2. 9)和式(2. 25)可知，若 $t \geqslant T_t$，则对于任意 $\boldsymbol{x}_0 \in \Delta_{2^n}$，$\boldsymbol{y}_0 \in \Delta_{2^{mn}}$ 和 $\boldsymbol{z}_0 = \boldsymbol{y}_0 - \boldsymbol{x}_0^m$，容易推出

$$\begin{aligned} z(t+1) &= [\boldsymbol{H}_1 \ \ \boldsymbol{H}_2 \ \ \cdots \ \ \boldsymbol{H}_{2^n}]\delta_{2^n}^{i_j} z(t) + (\boldsymbol{H}\boldsymbol{\Phi}_n^m - \boldsymbol{E}\boldsymbol{\Phi}_n^{m-1})\delta_{2^n}^{i_j} \\ &= \boldsymbol{H}_{i_j} z(t) + (\boldsymbol{h}_{i_j^{\{m,\ n\}}} - \boldsymbol{e}_{i_j^{\{m-1,\ n\}}}) \\ &= 0_{2^{mn}} \end{aligned} \tag{2.26}$$

从而，根据引理 2.1 可知布尔网络系统式(2.1)-式(2.2)最迟将在第 T_t+1 步达到状态完全同步。

【注释 2.6】

定理 2.2 提供了设计随从布尔网络的一个构造性方法。此方法能保证被设计的所有随从布尔网络的状态完全同步于给定的领导布尔网络式(2.1)。在定理 2.2 中，由于对 $i \notin \{i_j | 1 \leqslant j \leqslant s_r\}$ 可以任意选择 $\boldsymbol{H}_i$，因此由此方法得到的随从布尔网络并非唯一。

【注释 2.7】

由于 $\boldsymbol{e}_{i_j^{\{m-1,\ n\}}} = \overset{m}{\underset{k=1}{\otimes}} \mathrm{Col}_{i_j}(\boldsymbol{F})$，所以矩阵 $\boldsymbol{H}_{i_j}$ 能够直接由 $\boldsymbol{F}$ 和系统式(2.1)的吸引集 Ω 设计。准确地讲，令 $\boldsymbol{H}_{i_j} = 1_{2^{mn}}^T \otimes (\overset{m}{\underset{k=1}{\otimes}} \mathrm{Col}_{i_j}(\boldsymbol{F}))$ 即可。

下面以推论的形式给出驱动-响应布尔网络的同步化设计方法。

【推论 2.2】

设驱动布尔网络式(2.17)的吸引集为 $\Omega = \{\boldsymbol{\delta}_{2^n}^{i_j} | 1 \leqslant j \leqslant s_r\}$。如果对于每一整数 $1 \leqslant j \leqslant s_r$，满足

$$\boldsymbol{G}_{i_j} = [\boldsymbol{f}_{i_j} \boldsymbol{f}_{i_j} \cdots \boldsymbol{f}_{i_j}], \quad \text{i.e.,} \ \boldsymbol{g}_{(i_j-1)2^n+k} = \boldsymbol{f}_{i_j}, \quad 1 \leqslant k \leqslant 2^n \tag{2.27}$$

其中，T_t 为驱动布尔网络式(2.17)的过渡周期，则驱动-响应布尔网络式(2.17)-式(2.18)最迟在第 T_t+1 步达到状态完全同步。

2.7 例　　子

本节将通过算例来说明上述结果的有效性及其优势。

【例 2.1】

判断下面耦合系统是否能达到状态完全同步。

$$
\text{领导系统:}\begin{cases} x_1(t+1)=x_2(t)\wedge x_3(t) \\ x_2(t+1)=\neg x_1(t) \\ x_3(t+1)=x_2(t) \end{cases} \tag{2.28}
$$

$$
\text{随从系统1:}\begin{cases} y_1^{(1)}(t+1)=y_2^{(1)}(t)\wedge y_3^{(1)}(t)\wedge y_3^{(2)}(t)\wedge x_3(t) \\ y_2^{(1)}(t+1)=\neg(y_1^{(1)}(t)\wedge y_1^{(2)}(t)\wedge x_1(t)) \\ y_3^{(1)}(t+1)=y_2^{(1)}(t)\vee y_2^{(2)}(t)\vee x_2(t) \end{cases} \tag{2.29}
$$

$$
\text{随从系统2:}\begin{cases} y_1^{(2)}(t+1)=y_2^{(2)}(t)\wedge y_3^{(2)}(t)\wedge y_3^{(1)}(t)\wedge x_3(t) \\ y_2^{(2)}(t+1)=\neg\left(y_1^{(2)}(t)\wedge y_1^{(1)}(t)\wedge x_1(t)\right) \\ y_3^{(2)}(t+1)=y_2^{(2)}(t)\vee y_2^{(1)}(t)\vee x_2(t) \end{cases} \tag{2.30}
$$

其中，布尔网络式(2.28)为领导系统，网络式(2.29)和式(2.30)为两个随从系统。

利用逻辑变量的向量形式，定义 $\boldsymbol{x}(t)=\boldsymbol{x}_1(t)\boldsymbol{x}_2(t)\boldsymbol{x}_3(t)$，$\boldsymbol{y}(t)=\boldsymbol{y}_1^{(1)}(t)\boldsymbol{y}_2^{(1)}(t)\boldsymbol{y}_3^{(1)}(t)\boldsymbol{y}_1^{(2)}(t)\boldsymbol{y}_2^{(2)}(t)\boldsymbol{y}_3^{(2)}(t)$，$\boldsymbol{w}(t)=\boldsymbol{x}(t)^2$ 及 $\boldsymbol{z}(t)=\boldsymbol{y}(t)-\boldsymbol{w}(t)$。可以计算得到，布尔网络式(2. 28)的代数形式为 $\boldsymbol{x}(t+1)=\boldsymbol{F}\boldsymbol{x}(t)$。其中，

$$
\boldsymbol{F}=\delta_8[3,7,8,8,1,5,6,6]
$$

于是，$\boldsymbol{w}(t+1)=\boldsymbol{E}\boldsymbol{w}(t)$，其中

$$
\begin{aligned}
\boldsymbol{E}=\boldsymbol{\delta}_{64}[&19,23,24,24,17,21,22,22,51,55,56,56,49,53,54,\\
&54,59,63,64,64,57,61,62,62,59,63,64,64,57,61,62,62,\\
&3,7,8,8,1,5,6,6,35,39,40,40,33,37,38,38,43,47,48,48,\\
&41,45,46,46,43,47,48,48,41,45,46,46]
\end{aligned} \tag{2.31}
$$

式(2.29)和式(2.30)合成系统的代数形式是 $\boldsymbol{y}(t+1)=\boldsymbol{H}\boldsymbol{x}(t)\boldsymbol{y}(t)$。其中，

$$
\begin{aligned}
\boldsymbol{H}=\boldsymbol{\delta}_{64}[&19,55,23,55,1,37,5,37,55,55,55,55,37,37,37,37,51,55,55,55,33,37,37,37,55,55,\\
&55,55,37,37,37,37,1,37,5,37,1,37,5,37,37,37,37,37,37,37,37,37,33,37,37,37,\\
&33,37,37,37,37,37,37,37,37,37,37,37,55,55,55,55,37,37,37,37,55,55,55,55,\\
&37,37,37,37,55,55,55,55,37,37,37,37,55,55,55,55,37,37,37,37,37,37,37,37,\\
&37,37,37,37,37,37,37,37,37,37,37,37,37,37,37,37,37,37,37,37,37,37,37,37,\\
&37,37,19,55,23,55,1,37,5,37,55,55,55,55,37,37,37,37,51,55,64,64,33,37,46,46,\\
&55,55,64,64,37,37,46,46,1,37,5,37,1,37,5,37,37,37,37,37,37,37,37,37,33,37,46,\\
&46,33,37,46,46,37,37,46,46,37,46,46,55,55,55,55,37,37,37,37,55,55,55,55,37,\\
&37,37,37,55,55,64,64,37,37,46,46,55,55,64,64,37,37,46,46,37,37,37,37,37,37,\\
&37,37,37,37,37,37,37,37,37,37,37,37,46,46,37,37,46,46,37,37,46,46,37,37,46,\\
&46,1,37,5,37,1,37,5,37,37,37,37,37,37,37,37,37,33,37,37,37,33,37,37,37,37,37,\\
&37,37,37,37,37,37,1,37,5,37,1,37,5,37,37,37,37,37,37,37,37,37,33,37,37,37,33,\\
&37,37,37,37,37,37,37,37,37,37,37,37,37,37,37,37,37,37,37,37,37,37,37,37,\\
&37,37,37,37,37,37,37,37,37,37,37,37,37,37,37,37,37,37,37,37,37,37,37,37,
\end{aligned}
$$

37,37,37,37,37,37,37,37,37,37,37,37,37,37,37,37,37,37,37,37,37,37,37,37,37,
1,37,5,37,1,37,5,37,37,37,37,37,37,37,37,37,33,37,46,46,33,37,46,46,37,37,46,
46,37,37,46,46,1,37,5,37,1,37,5,37,37,37,37,37,37,37,37,37,33,37,46,46,33,37,
46,46,37,37,46,46,37,37,46,46,37,37,37,37,37,37,37,37,37,37,37,37,37,37,37,
37,37,37,46,46,37,37,46,46,37,37,46,46,37,37,46,46,37,37,37,37,37,37,37,37,
37,37,37,37,37,37,37,37,37,37,46,46,37,37,46,46,37,37,46,46,37,37,46,46]

(2.32)

通过计算发现，领导系统式(2.28)仅有一个周期为 5 的吸引子，即

$$C:\ \boldsymbol{\delta}_8^1 \to \boldsymbol{\delta}_8^3 \to \boldsymbol{\delta}_8^8 \to \boldsymbol{\delta}_8^6 \to \boldsymbol{\delta}_8^5 \to \boldsymbol{\delta}_8^1 \tag{2.33}$$

容易看到

$$\begin{aligned} &\boldsymbol{h}_1 = \boldsymbol{e}_1 = \boldsymbol{\delta}_{64}^{19}, \boldsymbol{h}_{147} = \boldsymbol{e}_{19} = \boldsymbol{\delta}_{64}^{64}, \boldsymbol{h}_{293} = \boldsymbol{e}_{37} = \boldsymbol{\delta}_{64}^{1} \\ &\boldsymbol{h}_{366} = \boldsymbol{e}_{46} = \boldsymbol{\delta}_{64}^{37}, \boldsymbol{h}_{512} = \boldsymbol{e}_{64} = \boldsymbol{\delta}_{64}^{46} \end{aligned} \tag{2.34}$$

另外，通过计算得到

$$\text{Row}_1(\boldsymbol{H}_5\boldsymbol{H}_6\boldsymbol{H}_8\boldsymbol{H}_3\boldsymbol{H}_1) = 1_{64}^{\mathrm{T}}$$

因此，$\boldsymbol{H}_6\boldsymbol{H}_8\boldsymbol{H}_3\boldsymbol{H}_1$ 具有相同的列向量 $\boldsymbol{\delta}_{64}^1$。根据定理 2.1 可以得出系统式(2.29)和式(2.30)的状态能完全同步于系统式(2.28)。

【例 2.2】

考虑如下布尔网络(该网络已在文献[32]和文献[63]中研究)：

$$\begin{aligned} x_1(t+1) &= x_2(t) \wedge \neg x_3(t) \\ x_2(t+1) &= x_1(t) \wedge \neg x_3(t) \\ x_3(t+1) &= \neg x_1(t) \wedge \neg x_2(t) \end{aligned} \tag{2.35}$$

这是由三个相同的大脑神经元组成的网络。现在将它作为领导系统。下面利用定理 2.2 提供的方法设计两个随从布尔网络，以使这两个网络的状态能完全同步于上述领导系统。

首先，在逻辑变量的向量形式下，定义 $\boldsymbol{x}(t) = \boldsymbol{x}_1(t)\boldsymbol{x}_2(t)\boldsymbol{x}_3(t)$。则式(2.35)的代数形式为 $\boldsymbol{x}(t+1) = \boldsymbol{F}\boldsymbol{x}(t)$，其中

$$\boldsymbol{F} = \delta_8[8,2,8,6,8,4,7,7]$$

通过计算发现，系统式(2.35)有两个不动点

$$\boldsymbol{\delta}_8^2,\ \boldsymbol{\delta}_8^7$$

和一个极限环

$$C_1: \boldsymbol{\delta}_8^4 \to \boldsymbol{\delta}_8^6$$

因此，有

$$i_1 = 2,\ \ i_2 = 7,\ \ i_3 = 4,\ \ i_4 = 6 \tag{2.36}$$

根据定理 2.2 和式(2.36)，取

$$\begin{aligned}
\boldsymbol{H}_2 &= 1_{64}^{\mathrm{T}} \otimes (\mathrm{Col}_2(\boldsymbol{F}) \otimes \mathrm{Col}_2(\boldsymbol{F})) = 1_{64}^{\mathrm{T}} \otimes \boldsymbol{\delta}_{64}^{10} \\
\boldsymbol{H}_4 &= 1_{64}^{\mathrm{T}} \otimes (\mathrm{Col}_4(\boldsymbol{F}) \otimes \mathrm{Col}_4(\boldsymbol{F})) = 1_{64}^{\mathrm{T}} \otimes \boldsymbol{\delta}_{64}^{28} \\
\boldsymbol{H}_6 &= 1_{64}^{\mathrm{T}} \otimes (\mathrm{Col}_6(\boldsymbol{F}) \otimes \mathrm{Col}_6(\boldsymbol{F})) = 1_{64}^{\mathrm{T}} \otimes \boldsymbol{\delta}_{64}^{46} \\
\boldsymbol{H}_7 &= 1_{64}^{\mathrm{T}} \otimes (\mathrm{Col}_7(\boldsymbol{F}) \otimes \mathrm{Col}_7(\boldsymbol{F})) = 1_{64}^{\mathrm{T}} \otimes \boldsymbol{\delta}_{64}^{55}
\end{aligned} \tag{2.37}$$

其他的 $\boldsymbol{H}_i$ 可以任意选取。例如，取例 2.1 中矩阵式(2.32)的第一、二、三、四分块矩阵分别作为 $\boldsymbol{H}_1$、$\boldsymbol{H}_3$、$\boldsymbol{H}_5$ 和 $\boldsymbol{H}_8$。利用引理 1.4 和引理 1.5，可以得到随从布尔网络的逻辑形式为

$$\text{随从系统1:}\begin{cases}
y_1^{(1)}(t+1) = & (x_1(t) \wedge \neg x_3(t)) \vee ((x_1(t) \vee x_3(t)) \wedge x_2(t) \\
& \wedge y_2^{(1)}(t) \wedge y_3^{(1)}(t) \wedge y_3^{(2)}(t)) \\
y_2^{(1)}(t+1) = & (x_2(t) \wedge \neg x_3(t)) \vee ((x_2(t) \vee (x_1(t) \wedge x_3(t)) \\
& \vee(\neg x_1(t) \wedge \neg x_3(t))) \wedge (\neg y_1^{(1)}(t) \vee \neg y_1^{(2)}(t))) \\
y_3^{(1)}(t+1) = & (x_1(t) \wedge x_3(t)) \vee (\neg x_1(t) \wedge x_2(t) \wedge x_3(t) \\
& \wedge(y_1^{(1)}(t) \vee y_2^{(2)}(t))) \vee (\neg x_1(t) \wedge \neg x_2(t) \\
& \wedge(x_3(t) \vee y_1^{(1)}(t) \vee y_2^{(2)}(t)))
\end{cases} \tag{2.38}$$

$$\text{随从系统2:}\begin{cases}
y_1^{(2)}(t+1) = & (x_1(t) \wedge \neg x_3(t)) \vee ((x_1(t) \vee x_3(t)) \wedge x_2(t) \\
& \wedge y_3^{(1)}(t) \wedge y_2^{(2)}(t) \wedge y_3^{(2)}(t)) \\
y_2^{(2)}(t+1) = & (x_2(t) \wedge \neg x_3(t)) \vee ((x_2(t) \vee (x_1(t) \wedge x_3(t)) \\
& \vee(\neg x_1(t) \wedge \neg x_3(t))) \wedge (\neg y_1^{(1)}(t) \vee \neg y_1^{(2)}(t))) \\
y_3^{(2)}(t+1) = & (x_1(t) \wedge x_3(t)) \vee (\neg x_1(t) \wedge x_2(t) \wedge x_3(t) \\
& \wedge(y_2^{(1)}(t) \vee y_2^{(2)}(t))) \vee (\neg x_1(t) \wedge \neg x_2(t) \\
& \wedge(x_3(t) \vee y_2^{(1)}(t) \vee y_2^{(2)}(t)))
\end{cases} \tag{2.39}$$

当系统式(2.35)、式(2.38)和式(2.39)的初始状态分别为 $\boldsymbol{X}(0)=(1,1,1)$、$\boldsymbol{Y}^{(1)}(0)=(0,0,1)$ 和 $\boldsymbol{Y}^{(2)}(0)=(0,0,0)$ 时，系统式(2.35)的状态轨迹为

$$\boldsymbol{X}(0)=(1,1,1),\ \boldsymbol{X}(1)=(0,0,0),\ \boldsymbol{X}(t)=(0,0,1),\ t \geqslant 2$$

而系统式(2.38)和式(2.39)的状态轨迹分别为

$$\boldsymbol{Y}^{(1)}(0)=(0,0,1),\ \boldsymbol{Y}^{(1)}(1)=(0,1,1),\ \boldsymbol{Y}^{(1)}(2)=(0,1,1)$$
$$\boldsymbol{Y}^{(1)}(t)=(0,0,1),\ t \geqslant 3$$

和

$$\boldsymbol{Y}^{(2)}(0)=(0,0,0),\ \boldsymbol{Y}^{(2)}(1)=(0,1,1),\ \boldsymbol{Y}^{(2)}(2)=(0,1,1)$$
$$\boldsymbol{Y}^{(2)}(t)=(0,0,1),\ t \geqslant 3$$

由此可以发现，随从布尔网络式(2.38)和式(2.39)将从第三步开始，其状态可完全同步于领导布尔网络式(2.35)。

【注释 2.8】

通过简单计算得到系统式(2.35)的过渡周期是 $T_t = 2$。例 2.2 验证了根据定理 2.2

设计的所有随从布尔网络确实最迟从第 T_t+1 步就完全同步于给定的领导布尔网络。

下面的两个例子将说明本章所得结果在计算复杂度方面确实具有明显的优势。

【例 2.3】

将网络式(2.28)取作驱动系统，试判断下面的响应系统能否状态完全同步于式(2.28)。

$$\begin{aligned} y_1(t+1) &= y_2(t) \wedge y_3(t) \wedge x_3(t) \\ y_2(t+1) &= \neg(y_1(t) \wedge x_1(t)) \\ y_3(t+1) &= y_2(t) \vee x_2(t) \end{aligned} \tag{2.40}$$

在逻辑变量的向量形式下，定义 $\boldsymbol{y}(t)=\boldsymbol{y}_1(t)\boldsymbol{y}_2(t)\boldsymbol{y}_3(t)$。通过计算，可以得到响应布尔网络式(2.40)的代数形式是

$$\boldsymbol{y}(t+1)=\boldsymbol{G}x(t)\boldsymbol{y}(t)$$

其中，

$$\begin{aligned}\boldsymbol{G}=\boldsymbol{\delta}_8[&3,7,7,7,1,5,5,5,7,7,7,7,5,5,5,5,3,7,8,8,1,5,6,6,7,7,8,8,5,5,6,6,1,5,5,5,1,5,5,5,5,5,5,5,5,\\ &5,5,5,1,5,6,6,1,5,6,6,5,5,6,6,5,5,6,6]\end{aligned}$$

由式(2.33)可知，驱动系统式(2.28)只有一个周期为 5 的吸引子

$$C:\boldsymbol{\delta}_8^1\to\boldsymbol{\delta}_8^3\to\boldsymbol{\delta}_8^8\to\boldsymbol{\delta}_8^6\to\boldsymbol{\delta}_8^5\to\boldsymbol{\delta}_8^1$$

现在利用推论 2.1 判断上述的同步问题。首先，容易看到

$$\begin{aligned}&\boldsymbol{f}_1=\boldsymbol{g}_1=\boldsymbol{\delta}_8^3,\boldsymbol{f}_3=\boldsymbol{g}_{19}=\boldsymbol{\delta}_8^8,\boldsymbol{f}_5=\boldsymbol{g}_{37}=\boldsymbol{\delta}_8^1,\\ &\boldsymbol{f}_6=\boldsymbol{g}_{46}=\boldsymbol{\delta}_8^5,\boldsymbol{f}_8=\boldsymbol{g}_{64}=\boldsymbol{\delta}_8^6\end{aligned}$$

其次，通过计算得到

$$\boldsymbol{G}_5\boldsymbol{G}_6\boldsymbol{G}_8\boldsymbol{G}_3\boldsymbol{G}_1=\boldsymbol{\delta}_8[1,1,1,1,1,1,1,1]$$

显然，$\boldsymbol{G}_5\boldsymbol{G}_6\boldsymbol{G}_8\boldsymbol{G}_3\boldsymbol{G}_1$ 是一个具有相同列向量的矩阵。根据推论 2.1，可以推出响应系统式(2.40)的状态能完全同步于驱动系统式(2.28)。因此，该结论与文献[31]的结果一致。

【注释 2.9】

如果将两个 8 维向量之间的乘、加或比较运算视为一个计算单位的话，那么利用文献[31]中的定理 4 求解上述问题至少需要 4460544 个单位的计算量。如果采用本章所提出的方法来求解则只需要消耗 4160 个计算单位，其中 24 个单位的计算量用于计算驱动系统的吸引子，4136 个单位的计算量用于检测定理 2.1 在上述问题中是否成立。

【例 2.4】

再次考虑布尔网络式(2.35)，并将其作为驱动系统。下面设计一个响应布尔网络，要求被设计的响应系统状态能完全同步于式(2.35)。

利用推论 2.2 处理这一问题。首先，由例 2.2 的计算过程可知驱动网络式(2.35)的结构矩阵为

$$F = \delta_8[8,2,8,6,8,4,7,7]$$

网络式(2.35)有两个不动点

$$\delta_8^2, \quad \delta_8^7$$

和一个极限环

$$C_1 : \delta_8^4 \to \delta_8^6$$

因此，有

$$i_1 = 2, \quad i_2 = 7, \quad i_3 = 4, \quad i_4 = 6$$

根据推论 2.2，取

$$\begin{aligned}
\boldsymbol{G}_2 &= [\boldsymbol{g}_9 \quad \boldsymbol{g}_{10} \quad \boldsymbol{g}_{11} \quad \boldsymbol{g}_{12} \quad \boldsymbol{g}_{13} \quad \boldsymbol{g}_{14} \quad \boldsymbol{g}_{15} \quad \boldsymbol{g}_{16}] \\
&= [\boldsymbol{f}_2 \quad \boldsymbol{f}_2 \quad \boldsymbol{f}_2 \quad \boldsymbol{f}_2 \quad \boldsymbol{f}_2 \quad \boldsymbol{f}_2 \quad \boldsymbol{f}_2 \quad \boldsymbol{f}_2] \\
&= \delta_8[2,2,2,2,2,2,2,2] \\
\boldsymbol{G}_4 &= [\boldsymbol{g}_{25} \quad \boldsymbol{g}_{26} \quad \boldsymbol{g}_{27} \quad \boldsymbol{g}_{28} \quad \boldsymbol{g}_{29} \quad \boldsymbol{g}_{30} \quad \boldsymbol{g}_{31} \quad \boldsymbol{g}_{32}] \\
&= [\boldsymbol{f}_4 \quad \boldsymbol{f}_4 \quad \boldsymbol{f}_4 \quad \boldsymbol{f}_4 \quad \boldsymbol{f}_4 \quad \boldsymbol{f}_4 \quad \boldsymbol{f}_4 \quad \boldsymbol{f}_4] \\
&= \delta_8[6,6,6,6,6,6,6,6,] \\
\boldsymbol{G}_6 &= [\boldsymbol{g}_{41} \quad \boldsymbol{g}_{42} \quad \boldsymbol{g}_{43} \quad \boldsymbol{g}_{44} \quad \boldsymbol{g}_{45} \quad \boldsymbol{g}_{46} \quad \boldsymbol{g}_{47} \quad \boldsymbol{g}_{48}] \\
&= [\boldsymbol{f}_6 \quad \boldsymbol{f}_6 \quad \boldsymbol{f}_6 \quad \boldsymbol{f}_6 \quad \boldsymbol{f}_6 \quad \boldsymbol{f}_6 \quad \boldsymbol{f}_6 \quad \boldsymbol{f}_6] \\
&= \delta_8[4,4,4,4,4,4,4,4] \\
\boldsymbol{G}_7 &= [\boldsymbol{g}_{49} \quad \boldsymbol{g}_{50} \quad \boldsymbol{g}_{51} \quad \boldsymbol{g}_{52} \quad \boldsymbol{g}_{53} \quad \boldsymbol{g}_{54} \quad \boldsymbol{g}_{55} \quad \boldsymbol{g}_{56}] \\
&= [\boldsymbol{f}_7 \quad \boldsymbol{f}_7 \quad \boldsymbol{f}_7 \quad \boldsymbol{f}_7 \quad \boldsymbol{f}_7 \quad \boldsymbol{f}_7 \quad \boldsymbol{f}_7 \quad \boldsymbol{f}_7] \\
&= \delta_8[7,7,7,7,7,7,7,7]
\end{aligned}$$

而其他块矩阵 $\boldsymbol{G}_i (i=1,3,5,8)$ 可以任意选取。例如，当取

$$\boldsymbol{G}_1 = \boldsymbol{G}_3 = \boldsymbol{G}_5 = \boldsymbol{G}_8 = \boldsymbol{I}_{8\times 8}$$

时，响应布尔网络的结构矩阵为

$$\begin{aligned}
\boldsymbol{G} = \delta_8[&1,2,3,4,5,6,7,8,2,2,2,2,2,2,2,2,1,2,3,4,5, \\
&6,7,8,6,6,6,6,6,6,6,6,1,2,3,4,5,6,7,8,4,4, \\
&4,4,4,4,4,4,7,7,7,7,7,7,7,7,1,2,3,4,5,6,7,8]
\end{aligned}$$

从而，利用引理 1.4 和引理 1.5 计算得到的一个响应布尔网络为

$$\begin{cases}
y_1(t+1) = y_1(t) \wedge ((x_1(t) \wedge ((x_2(t) \wedge \neg x_3(t)) \vee (\neg x_2(t) \\
\qquad \wedge x_3(t)))) \vee (\neg x_1(t) \wedge \neg x_3(t))) \\
y_2(t+1) = (x_1(t) \wedge (\neg x_3(t) \vee y_2(t))) \vee (\neg x_1(t) \\
\qquad \wedge ((x_2(t) \wedge x_3(t)) \vee (\neg x_2(t) \wedge \neg x_3(t))) \wedge y_2(t)) \\
y_3(t+1) = (x_1(t) \wedge x_3(t) \wedge y_3(t)) \vee (\neg x_1(t) \wedge ((x_2(t) \\
\qquad \wedge x_3(t) \wedge y_3(t)) \vee (\neg x_2(t) \wedge (x_3(t) \vee y_3(t)))))
\end{cases} \tag{2.41}$$

当取驱动系统式(2.35)和响应系统式(2.41)的初始状态分别为 $\boldsymbol{X}(0) = (1,1,1)$ 和 $\boldsymbol{Y}(0) = (0,0,1)$ 时，驱动系统式(2.35)的状态轨迹为

$$X(0)=(1,1,1),\ X(1)=(0,0,0),\ X(t)=(0,0,1),\ t\geqslant 2 \tag{2.42}$$

响应系统式(2.41)的状态轨迹为

$$Y(t)=(0,0,1),\ t\geqslant 0 \tag{2.43}$$

定义轨迹式(2.42)和式(2.43)在时刻t的汉明距离为$H(t)=\sum_{i=1}^{3}\left|x_i(t)-y_i(t)\right|$。图 2.1 给出了式(2.42)和式(2.43)之间的汉明距离轨迹。从图中可以看出，当驱动布尔网络式(2.35)和响应布尔网络式(2.41)分别具有初始位置$X(0)=(1,1,1)$和$Y(0)=(0,0,1)$时，这一耦合系统将从第二步进入同步，并一直保持同步状态。

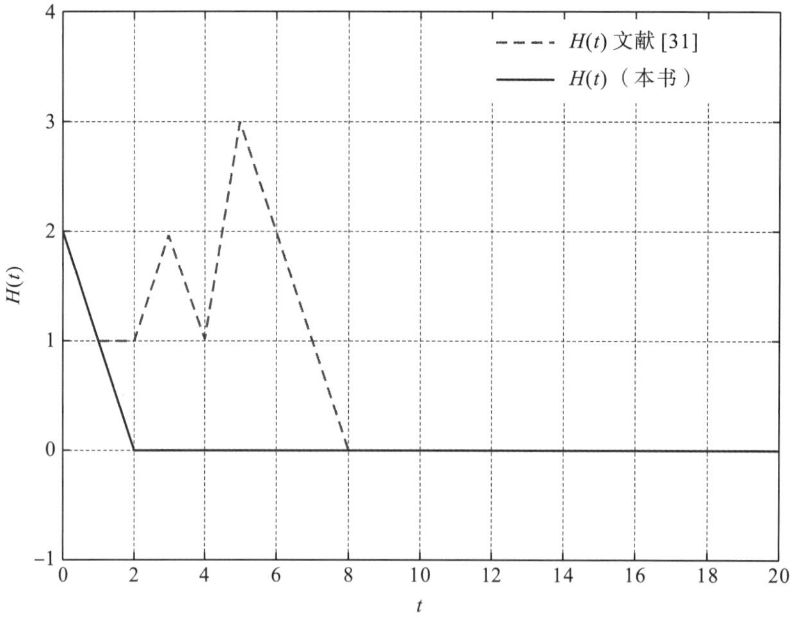

图 2.1　本书$H(t)$和文献[31]的$H(t)$

通过简单计算可得驱动布尔网络式(2.35)的过渡周期为$T_t=2$。将文献[31]的汉明距离轨迹也描绘在图 2.1 上，其中，驱动布尔网络式(2. 35)和文献[31]设计的响应布尔网络的初始状态也分别取$X(0)=(1,1,1)$和$Y(0)=(0,0,1)$。从图 2.1 可以看出，文献[31]设计的响应布尔网络将从第七步开始状态完全同步于式(2.35)。通过这个例子，说明采用文献[31]所设计的响应布尔网络不能保证一定能从第T_t+1步开始状态完全同步于驱动系统式(2.35)。因此，利用本章定理 2.2 和推论 2.2 设计的响应布尔网络具有更快的响应速度。此外，由于本章方法不像文献[31]在设计响应布尔网络时需要事先利用驱动系统的吸引子计算大量的辅助数据，所以本章所提出的方法不仅应用简单，还具有更小的计算复杂度。

2.8 本章小结

本章提出了一种全新的关于耦合布尔网络同步化的分析方法，并用此方法研究了领导-跟随耦合布尔网络的同步化问题。首先，利用矩阵半张量积把原系统等价地转化为其代数形式，并构建了对应于原系统的误差系统。由于误差系统的敛散性问题等价于原耦合系统的同步化问题，所以本书基于领导布尔网络的拓扑结构讨论了误差系统的敛散性问题。值得注意的是，这里的误差系统既不是布尔网络也不是一般的离散时间系统，而是一种以原领导布尔网络的状态作为切换信号的切换系统。其次，本章给出了领导-跟随布尔网络系统完全同步的一个充分必要条件。根据这一条件，提出了一个构造性地设计随从布尔网络的方法。该方法能保证所有被设计的随从网络状态完全同步于给定的领导布尔网络。另外，根据驱动-响应布尔网络作为领导-跟随布尔网络的一种特殊情况，本章也给出了驱动-响应布尔网络的同步化判据和设计方法。最后，通过算例说明本章所得结果的有效性及其优势。

第 3 章　主-从布尔网络状态完全同步化的状态反馈控制器设计

第 2 章研究了领导-跟随布尔网络系统的同步化问题，并给出了同步化判据和设计方法。当这样的耦合系统中只含有一个随从布尔网络时，那么它就退化为驱动-响应布尔网络。如第 2 章所述，关于驱动-响应布尔网络的同步化问题在现有文献中已有相应的研究成果[31,32]。主-从布尔网络是比驱动-响应布尔网络应用更广的一种耦合系统。该系统的响应部分采用外部输入作为驱动信号。因此，第 2 章介绍的同步化分析方法不再适用于主-从布尔网络的同步化问题。

作者在文献[72]中提出了一个新的概念：核心输入-状态极限环，运用此概念可以很好地研究主-从布尔网络的同步化问题。本章将回顾核心输入-状态极限环的定义及这种环的计算方法。从而，利用布尔控制网络的核心输入-状态极限环系统地研究主-从布尔网络的同步化问题。具体来讲，首先，通过矩阵半张量积将原系统等价地转化为其相应的代数形式，并采用主-从布尔网络的代数形式构建一个具有布尔网络形式的辅助系统。其次，根据辅助系统的核心输入-状态极限环，给出能使主-从布尔网络同步的状态反馈控制器的存在性条件。然后，在上述存在性条件满足的情况下，提供能使主-从布尔网络状态完全同步的状态反馈控制器的设计方法。最后，通过例子说明上述结果的有效性。

3.1　引　　言

第 2 章研究了领导-跟随布尔网络系统(包括驱动-响应布尔网络)的同步化问题，其中随从布尔网络以驱动布尔网络的状态作为驱动信号。因此，领导-跟随布尔网络系统的同步化设计是在给定领导系统结构的基础上对随从布尔网络进行一定的构造。文献[30]和文献[73]通过对响应布尔网络引入外部输入，从而将驱动-响应布尔网络的同步化问题推广至主-从布尔网络模型中。对于这类更为一般的耦合布尔网络系统，其同步化的开环控制已经得到了广泛研究。然而，开环控制严格依赖于系统的初始状态，因此其抗干扰性和抗不确定性非常脆弱。毋庸置疑，在复杂的环境下具有鲁棒性的反馈控制方式显得尤为重要。

在现有文献中，有关主-从布尔网络同步化的反馈控制研究并不多见，其原因为：首先，驱动-响应布尔网络甚至领导-跟随布尔网络的同步化设计方法不适用于主-从布尔网络；其次，虽然稳定化问题可以被视为同步化问题的一种特殊情况，但是现有的稳定化结果并不能直接推广到同步化问题上来。因此，对于主-从布尔网络的反馈同步化设计的研究还存在一定的挑战。在此背景下，文献[72]提出了核心输入-状态极限环的概念，并利用主-从布尔网络的核心输入-状态极限环对系统的同步化问题进行了分析，推出了一些新的结果。下面详细给出这部分理论成果。

3.2　问 题 描 述

考虑主-从布尔网络，其模型为

$$x_i(t+1)=f_i(x_1(t),\cdots,x_n(t)) \tag{3.1}$$

$$\begin{aligned} y_i(t+1)&=g_i(u_1(t),\cdots,u_m(t),y_1(t),\cdots,y_n(t)) \\ i&=1,2,\cdots,n \end{aligned} \tag{3.2}$$

其中，$x_i,y_i\in\mathcal{D}(i=1,2,\cdots,n)$ 分别为主系统式(3.1)和从系统式(3.2)的状态节点；$u_i\in\mathcal{D}(i=1,2,\cdots,m)$ 为从系统式(3.2)的输入节点；$f_i:\mathcal{D}^n\to\mathcal{D}$ 和 $g_i:\mathcal{D}^{m+n}\to\mathcal{D}$ 为逻辑函数。系统式(3.1)和系统式(3.2)在时刻 t 的状态分别记为 $\boldsymbol{x}(t)=(x_1(t),\cdots,x_n(t))^{\mathrm{T}}$ 和 $\boldsymbol{y}(t)=(y_1(t),\cdots,y_n(t))^{\mathrm{T}}$。记 $\boldsymbol{x}(t,\boldsymbol{x}(0))$ 为系统式(3.1)始于 $\boldsymbol{x}(0)$ 的状态轨迹；$\boldsymbol{y}(t,\boldsymbol{y}(0),U_{t-1})$ 为系统式(3.2)以 $\boldsymbol{y}(0)$ 为初始状态并被控制序列 $U_{t-1}=\{\boldsymbol{u}(0),\boldsymbol{u}(1),\cdots,\boldsymbol{u}(t-1)\}$ 驱动的状态轨迹，其中，$\boldsymbol{u}(j)=(u_1(j),\cdots,u_m(j))^{\mathrm{T}}$。

本章主要研究主-从布尔网络的状态反馈同步化，其反馈形式为

$$u_i(t)=\mu_i(x_1(t),\cdots,x_n(t),y_1(t),\cdots,y_n(t)),\quad i=1,2,\cdots,m \tag{3.3}$$

其中，$\mu_i:\mathcal{D}^{2n}\to\mathcal{D}(i=1,2,\cdots,m)$ 为逻辑函数。

用 $\boldsymbol{x}_i(t)$ 和 $\boldsymbol{y}_i(t)$ 分别表示 $x_i(t)$ 和 $y_i(t)$ 的向量形式。记 $\boldsymbol{x}(t)=\ltimes_{i=1}^n\boldsymbol{x}_i(t)\in\Delta_{2^n}$，$\boldsymbol{y}(t)=\ltimes_{j=1}^n\boldsymbol{y}_j(t)\in\Delta_{2^n}$ 及 $\boldsymbol{u}(t)=\ltimes_{k=1}^m\boldsymbol{u}_k(t)\in\Delta_{2^m}$。由引理 1.3 可知，一定存在唯一一个组合$(\boldsymbol{F},\boldsymbol{G},\boldsymbol{K})$，使得下式成立：

$$\boldsymbol{x}(t+1)=\boldsymbol{F}\boldsymbol{x}(t) \tag{3.4}$$

$$\boldsymbol{y}(t+1)=\boldsymbol{G}\boldsymbol{u}(t)\boldsymbol{y}(t) \tag{3.5}$$

$$\boldsymbol{u}(t)=\boldsymbol{K}\boldsymbol{y}(t)\boldsymbol{x}(t) \tag{3.6}$$

其中，$\boldsymbol{F}\in\mathcal{L}_{2^n\times2^n}$，$\boldsymbol{G}\in\mathcal{L}_{2^n\times2^{m+n}}$，$\boldsymbol{K}\in\mathcal{L}_{2^m\times2^{2n}}$。因为布尔网络式(3.1)～式(3.3)分别等价于式(3.4)～式(3.6)，所以为了突出本章方法，下面仅讨论模型式(3.4)～式(3.6)。

【定义 3.1】

主系统式(3.1)［等价于式(3.4)］和从系统式(3.2)［等价于式(3.5)］能达

到状态完全同步，当且仅当对于任意初始状态 $\boldsymbol{x}_0,\boldsymbol{y}_0\in\Delta_{2^n}$，存在一个控制序列 $U=\{\boldsymbol{w}_0,\boldsymbol{w}_1,\boldsymbol{w}_2,\cdots\}$ 和一个正整数 T，使得对于任意 $t\geqslant T$，等式 $\boldsymbol{x}(t,\boldsymbol{x}_0)=\boldsymbol{y}(t,\boldsymbol{y}_0,U_{t-1})$ 均成立。

本章的主要目的是给出能使主-从布尔网络达到状态完全同步的状态反馈控制器的存在性条件，并要求该条件充分必要。当满足存在性条件时，要求给出一个能使耦合系统状态完全同步的状态反馈控制器的有效设计方法。

3.3 核心输入-状态极限环

同步化问题包含两个部分。一个是寻找能使主-从布尔网络同步的状态反馈控制器的存在性条件；另一个是在存在性条件满足的情况下，如何设计控制器，使得系统式(3.4)-式(3.5)能达到状态完全同步。

首先，构造一个辅助系统。令 $\boldsymbol{z}(t)=\boldsymbol{y}(t)\boldsymbol{x}(t)\in\Delta_{2^{2n}}$。由式(3.4)和式(3.5)及引理 1.1 可得

$$\begin{aligned}\boldsymbol{z}(t+1)&=\boldsymbol{y}(t+1)\boldsymbol{x}(t+1)\\&=\boldsymbol{G}\boldsymbol{u}(t)\boldsymbol{y}(t)\boldsymbol{F}\boldsymbol{x}(t)\\&=\boldsymbol{G}(\boldsymbol{I}_{2^{m+n}}\otimes\boldsymbol{F})\boldsymbol{u}(t)\boldsymbol{y}(t)\boldsymbol{x}(t)\\&=\boldsymbol{G}(\boldsymbol{I}_{2^{m+n}}\otimes\boldsymbol{F})\boldsymbol{u}(t)\boldsymbol{z}(t)\\&=\boldsymbol{L}\boldsymbol{u}(t)\boldsymbol{z}(t)\end{aligned}\tag{3.7}$$

其中，$\boldsymbol{L}=\boldsymbol{G}(\boldsymbol{I}_{2^{m+n}}\otimes\boldsymbol{F})\in\mathcal{L}_{2^{2n}\times2^{m+2n}}$。于是获得一个新的系统，即

$$\boldsymbol{z}(t+1)=\boldsymbol{L}\boldsymbol{u}(t)\boldsymbol{z}(t)\tag{3.8}$$

将 $\boldsymbol{z}(t)=\boldsymbol{y}(t)\boldsymbol{x}(t)$ 代入式(3.6)，从而得到

$$\boldsymbol{u}(t)=\boldsymbol{K}\boldsymbol{z}(t)\tag{3.9}$$

下面利用辅助系统式(3.8)-式(3.9)来研究主-从布尔网络式(3.4)-式(3.5)的反馈同步化。为此，首先介绍一些基本概念。这些概念等价于文献[13]定义 3.5 的相应部分。

【定义 3.2】

(1)布尔控制网络式(3.8)的输入-状态转移图是一个有向图 $\{\Delta_{2^{m+2n}},\ \varepsilon\}$，其中

$$\varepsilon=\{(\boldsymbol{u},\boldsymbol{a})\to(\boldsymbol{u}',\boldsymbol{b})\mid\ \boldsymbol{a},\boldsymbol{b}\in\Delta_{2^{2n}},\boldsymbol{u},\boldsymbol{u}'\in\Delta_{2^m},\boldsymbol{b}=\boldsymbol{L}\boldsymbol{u}\boldsymbol{a}\}\tag{3.10}$$

(2)输入-状态转移图的周期路径称为输入-状态环。

(3)如果在输入-状态环的一个周期内没有任何重复状态，那么称该环为基本输入-状态(极限)环。

定义如下集合：

$$\Lambda=\{\delta_{2^{2n}}^{p_i}\mid p_i=(i-1)2^n+i,\ i=1,2,\cdots,2^n\} \tag{3.11}$$

容易理解，$x=y$ 当且仅当 $z\in\Lambda$，其中 $x, y\in\Delta_{2^n}$ 及 $z=x\ltimes y$。

对于规模不是很大的布尔控制网络式(3.8)，其基本输入-状态极限环可由 Johnson 算法进行计算[74]。因此，状态位于 Λ 的所有基本输入-状态极限环是可以求解的。为了方便，通常记状态空间 $\Delta_{2^{2n}}$ 的元素为 $P_1=\delta_{2^{2n}}^1, P_2=\delta_{2^{2n}}^2,\cdots,P_{2^{2n}}=\delta_{2^{2n}}^{2^{2n}}$。设状态位于 Λ 的基本输入-状态环分别为

$$\begin{aligned}
&C_1:(\delta_{2^m}^{\beta_1}, P_{\alpha_1})\to(\delta_{2^m}^{\beta_2}, P_{\alpha_2})\to\cdots\to(\delta_{2^m}^{\beta_{k_1}}, P_{\alpha_{k_1}})\to(\delta_{2^m}^{\beta_1}, P_{\alpha_1})\\
&C_2:(\delta_{2^m}^{\beta_{k_1+1}}, P_{\alpha_{k_1+1}})\to(\delta_{2^m}^{\beta_{k_1+2}}, P_{\alpha_{k_1+2}})\to\cdots\to(\delta_{2^m}^{\beta_{k_2}}, P_{\alpha_{k_2}})\to(\delta_{2^m}^{\beta_{k_1+1}}, P_{\alpha_{k_1+1}})\\
&\cdots\cdots\\
&C_h:(\delta_{2^m}^{\beta_{k_{h-1}+1}}, P_{\alpha_{k_{h-1}+1}})\to(\delta_{2^m}^{\beta_{k_{h-1}+2}}, P_{\alpha_{k_{h-1}+2}})\to\cdots\to(\delta_{2^m}^{\beta_{k_h}}, P_{\alpha_{k_h}})\to(\delta_{2^m}^{\beta_{k_{h-1}+1}}, P_{\alpha_{k_{h-1}+1}})
\end{aligned} \tag{3.12}$$

其中，$\{P_{\alpha_i}\mid i=1,2,\cdots,k_h\}\subseteq\Lambda$。记

$$\begin{aligned}
&\Psi_1=\{P_{\alpha_1}, P_{\alpha_2},\cdots, P_{\alpha_{k_1}}\}\\
&\Psi_2=\{P_{\alpha_{k_1+1}}, P_{\alpha_{k_1+2}},\cdots, P_{\alpha_{k_2}}\}\\
&\cdots\cdots\\
&\Psi_h=\{P_{\alpha_{k_{h-1}+1}}, P_{\alpha_{k_{h-1}+2}},\cdots, P_{\alpha_{k_h}}\}
\end{aligned} \tag{3.13}$$

为了定义另一个重要集合，下面先给出一个算法。

【算法 3.1】

• 步骤 1　取 $i=2$，$\Theta=\Psi_1$，并进入步骤 2。

• 步骤 2　判断等式 $\Theta\cap\Psi_i=\varnothing$ 是否成立。如果成立，取 $\Theta=\Theta\cup\Psi_i$。否则，Θ 保持不变。令 $i=i+1$，进入步骤 3。

• 步骤 3　判断不等式 $i\leqslant h$ 是否成立。如果成立，返回步骤 2。否则，停止计算。

不失一般性，假设上述集合 Θ 为

$$\Theta=\Psi_1\cup\Psi_2\cup\cdots\cup\Psi_l \tag{3.14}$$

其中，$l\leqslant h$。如若不然，可以通过重排式(3.12)中的 C_i [相应地，式(3.13)中的 Ψ_i 也被调整]从而使式(3.14)得以实现。于是，$\Psi_i\cap\Psi_j=\varnothing$ ($1\leqslant i<j\leqslant l$) 和 $\Psi_i\cap\Theta\neq\varnothing$ ($l<i\leqslant h$) 成立。

【定义 3.3】

设由算法 3.1 确定的集合 Θ 为式(3.14)，则 $C_i(i=1,2,\cdots,l)$ 称为系统式(3.8)的核心输入-状态(极限)环。

【注释 3.1】

因为从一个状态到另一状态通常具有不同的路径，所以系统式(3.8)的核心输

入-状态环所构成的集合可能并不是唯一的。这一点也可以从例 3.1 看到。

【注释 3.2】

系统式(3.8)不一定存在核心输入-状态环。例如，考虑下面两个分别只含有一个节点的子系统：

$$\begin{aligned} x(t+1) &= \neg x(t) \\ y(t+1) &= u(t) \wedge y(t) \end{aligned} \tag{3.15}$$

在逻辑变量的向量形式下，令 $z(t)=y(t)\ltimes x(t)$。可以计算，$\Lambda=\{\boldsymbol{P}_1,\boldsymbol{P}_4\}$。相应的辅助系统是

$$\boldsymbol{z}(t+1)=\boldsymbol{\delta}_4\left[2,1,4,3,4,3,4,3\right]\boldsymbol{u}(t)\boldsymbol{z}(t) \tag{3.16}$$

由图 3.1 可以看出，系统式(3.16)没有核心输入-状态环。

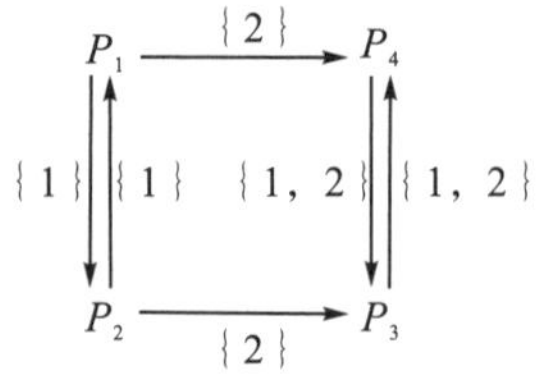

图 3.1　布尔控制网络式(3.16)的输入-状态空间图(其中，$\boldsymbol{P}_i \xrightarrow{\{r\}} \boldsymbol{P}_j$ 表示 $\boldsymbol{P}_i$ 能被常数控制 $\boldsymbol{u}=\delta_2^r$ 驱动至 $\boldsymbol{P}_j$)

3.4　有效控制器的存在性条件

首先，利用 Θ 定义一个重要集合：

$$\begin{aligned} E_k(\Theta)=\{&\boldsymbol{z}_0\in\Delta_{2^{2n}}:\text{存在控制序列}\boldsymbol{u}(0),\cdots,\boldsymbol{u}(k\text{-}1)\in\Delta_{2^m}, \\ &\text{使得}\boldsymbol{z}(k,\boldsymbol{z}_0,U_{k-1})\in\Theta\} \end{aligned} \tag{3.17}$$

下面命题为计算 $E_k(\Theta)$ 提供了一个有效方法。

【命题 3.1】

假设系统式(3.8)的 Θ 为式(3.14)，则 $E_k(\Theta)=\{P_i|$ 存在 $\boldsymbol{\delta}_{2^m}^{\gamma_i}\in\Delta_{2^m}$，使得 $\boldsymbol{L}\boldsymbol{\delta}_{2^m}^{\gamma_i}\boldsymbol{\delta}_{2^{2n}}^{i}\in E_{k-1}(\Theta)\}$，其中，$E_0(\Theta)=\Theta$。

证明　当 $k=1$ 时，由式(3.17)可知，命题是显然成立的。当 $k\geqslant 2$ 时，结论可由式(3.18)直接获得，即

$$\boldsymbol{z}(k,\boldsymbol{z}_0,U_{k-1})=\boldsymbol{z}(1,\boldsymbol{z}(k-1,\boldsymbol{z}_0,U_{k-2}),\boldsymbol{w}_{k-1}) \tag{3.18}$$

【注释 3.3】

根据命题 3.1，对于任何状态点 $\boldsymbol{P}_i\in E_k(\Theta)\setminus E_{k-1}(\Theta)$，可以得到一个相应的常数控制 $\boldsymbol{u}=\boldsymbol{\delta}_{2^m}^{\gamma_i}$，该控制能驱动状态 $\boldsymbol{P}_i$ 进入 $E_{k-1}(\Theta)$。

下面给出集合 $E_k(\Theta)$ 的一些基本性质。

【引理 3.1】

假设系统式(3.8)的 Θ 为式(3.14)，则

(1) 对于任何非负整数 k ，有 $E_k(\Theta) \subseteq E_{k+1}(\Theta)$ ，其中， $E_0(\Theta) = \Theta$ ；

(2) 如果存在一非负整数 k ，满足 $E_k(\Theta) = E_{k+1}(\Theta)$ ，则对于所有整数 $r > k$ ，均有 $E_k(\Theta) = E_r(\Theta)$ ；

(3) 存在一非负整数 $T^* \leqslant 2^{2n} - \|\Theta\|$，使得

$$\Theta \subset E_1(\Theta) \subset \cdots \subset E_{T^*}(\Theta) = E_{T^*+1}(\Theta) = \cdots \tag{3.19}$$

证明　对于结论(1)，因为 $\Theta \subseteq E_1(\Theta)$ ，所以结论是显然的。而结论(2)和结论(3)是上述结论(1)和命题 3.1 的直接结果。

下面定理为能使系统式(3.4)-式(3.5)达到状态完全同步化的开环控制器，本章提出了一个充分必要的存在性条件。随后，可以发现该定理也是有效状态反馈控制器的存在性条件。

【定理 3.1】

主-从布尔网络式(3.4)-式(3.5)能达到状态完全同步，当且仅当存在一个正整数 $T^* \leqslant 2^{2n} - \|\Theta\|$，使得 $E_{T^*}(\Theta) = \Delta_{2^{2n}}$ ，其中集合 Θ 为算法 3.1 计算所得。

证明　(必要性)　根据定义 3.1，对于任意初始状态 $\boldsymbol{z}_0 = \boldsymbol{y}_0 \ltimes \boldsymbol{x}_0 \in \Delta_{2^{2n}}$ ，存在一控制序列 $U = \{\boldsymbol{w}_0, \boldsymbol{w}_1, \boldsymbol{w}_2, \cdots\}$ 和一正整数 T ，使得对于所有 $t \geqslant T$ ，系统式(3.8)的输入-状态路径为

$$(\boldsymbol{w}_0, \boldsymbol{z}_0) \to (\boldsymbol{w}_1, \boldsymbol{z}(1)) \to \cdots \to (\boldsymbol{w}_t, \boldsymbol{z}(t)) \to \cdots \tag{3.20}$$

满足 $\boldsymbol{z}(t, \boldsymbol{z}_0, U_{t-1}) \in \Lambda$ 。因为不同的输入-状态环的组合总数是有限的，所以存在两个不同时刻 $T_2 > T_1 \geqslant T$ ，使得 $(\boldsymbol{w}_{T_1}, \boldsymbol{z}(T_1)) = (\boldsymbol{w}_{T_2}, \boldsymbol{z}(T_2))$ 。因此，有

$$(\boldsymbol{w}_{T_1}, \boldsymbol{z}(T_1)) \to (\boldsymbol{w}_{T_1+1}, \boldsymbol{z}(T_1+1)) \to \cdots \to (\boldsymbol{w}_{T_2}, \boldsymbol{z}(T_2)) \tag{3.21}$$

这是一个状态在 Λ 中的输入-状态环。如果环式(3.21)中存在重复状态，那么可以将其分割成若干个基本输入-状态环。显然，这些基本输入-状态环都在式(3.12)内。这说明由算法 3.1 所得的集合 Θ 是非空的，而且 $\{\boldsymbol{z}(t) \mid T_1 \leqslant t \leqslant T_2 - 1\} \cap \Theta \neq \varnothing$ 成立。于是存在一个时刻 $T_1 \leqslant T_3 \leqslant T_2$ 使得 $\boldsymbol{z}(T_3, \boldsymbol{z}_0, U_{T_3-1}) \in \Theta$ ，从而使 $\boldsymbol{z}_0 \in E_{T_3}(\Theta)$ 。由于选择 $\boldsymbol{z}_0$ 的任意性和集合 $\Delta_{2^{2n}}$ 的有限性，所以根据引理 3.1 的结论(1)可以推出，一定存在一足够大的时刻 T^*，使得对于所有的 $\boldsymbol{z}_0 \in \Delta_{2^{2n}}$ ，有 $\boldsymbol{z}_0 \in E_{T^*}(\Theta)$，即

$$\Delta_{2^{2n}} \subseteq E_{T^*}(\Theta) \tag{3.22}$$

由引理 3.1 的结论(3)可知，一定存在这样一个整数 T^*，该整数不仅满足式(3.22)，还满足 $T^* \leqslant 2^{2n} - \|\Theta\|$。同时注意到 $E_{T^*}(\Theta) \subseteq \Delta_{2^{2n}}$ ，从而必要性得以证明。

(充分性)　对于系统式(3.4)-式(3.5)的任意初始状态 $\boldsymbol{x}_0$，$\boldsymbol{y}_0$ ，有

$z_0 = y_0 \ltimes x_0$。因为 $E_{T^*}(\Theta) = \Delta_{2^{2n}}$，所以对于 $T \leqslant T^*$ 存在一个控制序列 $\bar{U}_{T-1} = \{w_0, w_1, \cdots, w_{T-1}\}$，使得 $z(T, z_0, \bar{U}_{T-1}) \in \Theta$。为了方便，仍然不失一般性地假设 Θ 为式(3.14)。于是 $z(T, z_0, \bar{U}_{T-1})$ 一定在某一个 $\Psi_i (1 \leqslant i \leqslant l)$ 内。换言之，对于某一整数 $1 \leqslant i \leqslant l$，有 $z(T, z_0, \bar{U}_{T-1}) \in \{P_{\alpha_{k_{i-1}+1}}, P_{\alpha_{k_{i-1}+2}}, \cdots, P_{\alpha_{k_i}}\}$，其中，$k_0 = 0$。设 $z(T, z_0, \bar{U}_{T-1}) = P_{\alpha_{k_{i-1}+1}}$。现在构造一个控制序列 $U = \{u(t) | \ t = 0, 1, \cdots\}$ 如下：

$$u(t) = \begin{cases} w_t, & \text{当} 0 \leqslant t \leqslant T-1 \\ \delta_{2^m}^{\beta_{k_{i-1}+q+1}}, & \text{当存在非负整数} p \text{和} q < k_i - k_{i-1}, \text{使得} \\ & t = T + p(k_i - k_{i-1}) + q \end{cases} \tag{3.23}$$

由上面的分析和式(3.12)可知，系统式(3.8)的状态轨迹 $z(t, z_0, U_{t-1})$ 在时刻 T 到达状态 $P_{\alpha_{k_{i-1}+1}}$，并一直停留在环式(3.24)内，即

$$P_{\alpha_{k_{i-1}+1}} \to P_{\alpha_{k_{i-1}+2}} \to \cdots \to P_{\alpha_{k_i}} \to P_{\alpha_{k_{i-1}+1}} \tag{3.24}$$

所以，$z(t, z_0, U_{t-1}) \in \Lambda$，即对于所有时刻 $t \geqslant T$，有 $x(t, x_0) = y(t, y_0, U_{t-1})$。

当 $z(T, z_0, \bar{U}_{T-1})$ 取为其他点时，可以类似地构造相应的控制序列，从而使得主网络和从网络达到状态完全同步。

【注释 3.4】

从引理 3.1 和定理 3.1 可以看出，主-从布尔网络能否达到状态完全同步可由式(3.19)中的 $E_{T^*}(\Theta)$ 来判断。具体来讲，如果 $E_{T^*-1}(\Theta) \subset E_{T^*}(\Theta) = \Delta_{2^{2n}}$ 成立，那么布尔网络式(3.4)和式(3.5)能够在一个适当的开环控制器下从第 T^* 步达到状态完全同步。否则，不可能实现状态完全同步。

【注释 3.5】

若 $\Theta = \varnothing$，则对于任何非负整数 k，等式 $E_k(\Theta) = \varnothing$ 总是成立。因此，$E_{T^*}(\Theta) = \Delta_{2^{2n}}$ 蕴含了 $\Theta \neq \varnothing$。换言之，$\Theta \neq \varnothing$ 是能使状态完全同步的控制器存在的一个必要条件。

基于命题 3.1、引理 3.1 和定理 3.1，下面给出一个算法。该算法能够判断布尔网络式(3.4)和网络式(3.5)能否达到状态完全同步。

【算法 3.2】

• 步骤 1 取 $s = 1$ 并令 $E_0(\Theta) = \Theta$。进入步骤 2。

• 步骤 2 计算 $E_s(\Theta) = \{P_i | \ \text{存在} \delta_{2^m}^{\gamma_i} \in \Delta_{2^m}, \ \text{使得} L\delta_{2^m}^{\gamma_i}\delta_{2^{2n}}^i \in E_{s-1}(\Theta)\}$ 并进入步骤 3。

• 步骤 3 判断等式 $E_s(\Theta) = \Delta_{2^{2n}}$ 是否成立。如果成立，停止计算，布尔网络式(3.4)和网络式(3.5)能通过一个适当的控制器达到状态完全同步。否则，判断 $E_s(\Theta) = E_{s-1}(\Theta)$ 是否成立。如果成立，停止计算，布尔网络式(3.4)和布尔网络式(3.5)不能被完全同步化。否则，令 $s = s + 1$，返回步骤 2。

3.5　控制器设计

下面研究有效控制器的构造方法，同时也将说明定理 3.1 实际上也是有效状态反馈控制器的存在性条件。

首先注意到，当存在一正整数T^*使得$E_{T^*-1}(\Theta)\subset E_{T^*}(\Theta)=\Delta_{2^{2n}}$时，状态空间$\Delta_{2^{2n}}$能按照式(3.25)的方式分割成$T^*+1$个互不相交集合的并集：

$$\Delta_{2^{2n}}=E_0(\Theta)\cup(E_1(\Theta)\setminus E_0(\Theta))\cup\cdots\cup(E_{T^*}(\Theta)\setminus E_{T^*-1}(\Theta)) \tag{3.25}$$

其中，$E_0(\Theta)=\Theta$。

对于任意一点$\boldsymbol{P}_i\in\Delta_{2^{2n}}$，下面将分两种情形进行讨论。

当存在一整数$1\leqslant j\leqslant k_l$，使得$\boldsymbol{P}_i=\boldsymbol{\delta}_{2^{2n}}^{\alpha_j}$（显然$\boldsymbol{P}_i\in\Theta$）时，取常数控制$\boldsymbol{u}=\boldsymbol{\delta}_{2^m}^{\beta_j}$。由式(3.12)可知，$\boldsymbol{z}(1,\boldsymbol{\delta}_{2^m}^{\beta_j},\boldsymbol{P}_i)\in\Theta$。

当$\boldsymbol{P}_i\in\Delta_{2^{2n}}\setminus\Theta$时，存在唯一一个整数$1\leqslant r_i\leqslant T$，使得

$$\boldsymbol{P}_i\in E_{r_i}(\Theta)\setminus E_{r_i-1}(\Theta) \tag{3.26}$$

因此，如注释 3.3 所述，可以找到一个常数控制$\boldsymbol{u}=\boldsymbol{\delta}_{2^m}^{\gamma_i}$，使得

$$\boldsymbol{z}(1,\boldsymbol{P}_i,\boldsymbol{\delta}_{2^m}^{\gamma_i})\in E_{r_i-1}(\Theta) \tag{3.27}$$

下面给出本章的另一个主定理。

【定理 3.2】

假设系统式(3.8)利用算法 3.1 计算所得的集合Θ为式(3.14)，且设存在一正整数T^*，使得$E_{T^*-1}(\Theta)\subset E_{T^*}(\Theta)=\Delta_{2^{2n}}$。那么能使主网络式(3.4)和从网络式(3.5)达到状态完全同步的状态反馈控制器式(3.6)可按如下方式设计：

(1) 对于$\boldsymbol{K}$的第α_i列，取$\mathrm{Col}_{\alpha_i}(\boldsymbol{K})=\boldsymbol{\delta}_{2^m}^{\beta_i}$，其中$1\leqslant i\leqslant k_l$；$\alpha_i$和$\beta_i$的定义与式(3.12)保持一致；

(2) 对于$\boldsymbol{K}$的其他列$\mathrm{Col}_i(\boldsymbol{K})$，取$\mathrm{Col}_i(\boldsymbol{K})=\boldsymbol{\delta}_{2^m}^{\gamma_i}$，其中$\gamma_i$的定义与式(3.27)一致。

证明　对于主网络式(3.4)和从网络式(3.5)的任意初始状态$\boldsymbol{x}_0$和$\boldsymbol{y}_0$，计算$\boldsymbol{z}_0=\boldsymbol{y}_0\ltimes\boldsymbol{x}_0$。下面分两种情形讨论。

当存在一整数$1\leqslant i\leqslant k_l$，使得$\boldsymbol{z}_0=\boldsymbol{P}_{\alpha_i}$，即$\boldsymbol{z}_0\in\Theta$时，容易得到

$$\boldsymbol{u}=\boldsymbol{K}\boldsymbol{z}_0=\mathrm{Col}_{\alpha_i}(\boldsymbol{K})=\boldsymbol{\delta}_{2^m}^{\beta_i} \tag{3.28}$$

于是$(\boldsymbol{\delta}_{2^m}^{\beta_i},\boldsymbol{P}_{\alpha_i})$位于式(3.12)的一个输入-状态环内。因此，由方式(1)设计的$\boldsymbol{K}$把Θ映射到集合$\{\boldsymbol{\delta}_{2^m}^{\beta_i}|1\leqslant i\leqslant k_l\}\times\Theta$，准确地讲，是把$\boldsymbol{P}_{\alpha_i}$映射到输入-状态组合$(\boldsymbol{\delta}_{2^m}^{\beta_i},\ \boldsymbol{P}_{\alpha_i})$。

所以，系统式(3.8)的输入-状态轨迹将一直停留在某一个基本输入-状态环内。于是受控系统式(3.29)的状态为

$$z(t+1)=\boldsymbol{L}\boldsymbol{u}(t)z(t)=\boldsymbol{L}\boldsymbol{K}z(t)z(t)=\boldsymbol{L}\boldsymbol{K}\boldsymbol{\Phi}_{2n}z(t) \tag{3.29}$$

它将永远包含在集合 Θ 内。这说明 $\boldsymbol{x}(t)=\boldsymbol{y}(t)(t=0,1,\cdots)$。

当 $\boldsymbol{z}_0=\boldsymbol{P}_i\notin\Theta$ 时，按照方式(2)可以得到

$$\boldsymbol{u}=\boldsymbol{K}\boldsymbol{z}_0=\mathrm{Col}_i(\boldsymbol{K})=\boldsymbol{\delta}_{2^m}^{\gamma_i} \tag{3.30}$$

该控制能将 $\boldsymbol{P}_i$ 从 $E_{r_i}(\Theta)\setminus E_{r_i-1}(\Theta)$ 驱动至 $E_{r_i-1}(\Theta)$，即 $z(1,z_0,\boldsymbol{K}z_0)\in E_{r_i-1}(\Theta)$。如果 $z(1,z_0,\boldsymbol{K}z_0)\in\Theta$，则如第一种情形，从而得到 $\boldsymbol{x}(t)=\boldsymbol{y}(t)(t=1,2,\cdots)$。否则，对 $z(1,\boldsymbol{K}z_0,z_0)$ 采用上述相同的方法讨论并用此方法一直进行下去。因为 T^* 是有限的且 $r_i\leqslant T^*$，所以 $z(T^*,z_0,\boldsymbol{K}z(T^*-1))\in\Theta$，从而 $\boldsymbol{x}(t)=\boldsymbol{y}(t)(t=T^*,T^*+1,\cdots)$。

【注释 3.6】

将定理 3.1 和定理 3.2 结合起来可以发现，定理 3.1 实际上也为主-从布尔网络式(3.4)-式(3.5)能达到状态完全同步的状态反馈控制器提供了一个充分必要的存在性条件。

【注释 3.7】

当存在能驱动主-从系统式(3.4)-式(3.5)达到状态完全同步的状态反馈控制器时，定理 3.2 为这样的状态反馈控制器提供了一个构造性的设计方法。利用这种方法设计控制器时，由于 $\boldsymbol{\delta}_{2^m}^{\alpha_i}$ 和 $\boldsymbol{\delta}_{2^m}^{\gamma_i}$ 可以任意选取，所以利用定理 3.2 所提供方法设计的有效状态反馈控制器并不是唯一的。

【注释 3.8】

从定理 3.2 的证明过程可以看出，如果 $E_{T^*-1}(\Theta)\subset E_{T^*}(\Theta)=\Delta_{2^{2n}}$，那么布尔网络式(3.4)和式(3.5)通过定理 3.2 设计的状态反馈控制器将从第 T^* 步达到状态完全同步。

【注释 3.9】

由定理 3.2 可知，当存在一正整数 T^*，使得 $E_{T^*-1}(\Theta)\subset E_{T^*}(\Theta)=\Delta_{2^{2n}}$ 时，可以得到一个有效的开环控制器(自由控制序列)的设计方法。事实上，对于任意初始状态 $\boldsymbol{x}_0$ 和 $\boldsymbol{y}_0$，计算 $\boldsymbol{z}_0=\boldsymbol{x}_0\ltimes\boldsymbol{y}_0$。则控制序列 $U=\{\boldsymbol{K}z_0,\boldsymbol{K}z(1),\cdots,\boldsymbol{K}z(t),\cdots\}$ 能使主系统式(3. 4)和从系统式(3.5)达到状态完全同步，其中 K 由定理 3.2 给出。显然，开环控制器依赖于初始状态，因此缺乏鲁棒性。

【注释 3.10】

从定理 3.1 和定理 3.2 可以看出，在考虑主-从布尔网络的状态同步化问题时，本章所提出的核心输入-状态极限环的角色相当于研究布尔控制网络稳定化问题时的不动点。因此，核心输入-状态极限环对于研究主-从布尔网络的同步化问题是至关重要的。

【注释 3.11】

定理 3.2 所提供的控制器设计方法可分为两个步骤。第一步，根据辅助系统式(3.8)的核心输入-状态极限环可以直接确定状态反馈矩阵 $\boldsymbol{K}$ 的部分列向量。这部分列向量能保证只要原主-从布尔网络一旦同步，则会一直保持同步，即保证了同步的不变性。第二步，采用类似于文献[19]的镇定器设计方法构造矩阵 K 的剩余部分。这部分的作用是迫使主网络和从网络进入状态同步。

总结以上结果，下面给出计算能使主-从布尔网络式(3.4)-式(3.5)同步的状态反馈控制器的算法。

【算法 3.3】

• 步骤 1　利用 Johnson(约翰逊)算法计算系统式(3.8)中形如 $\delta_{2^{2n}}^{(i-1)2^n+i}$ 的状态计算对应这些状态的所有基本输入-状态环 C_j，并计算式(3.12)中所有输入-状态组合 $(\boldsymbol{\delta}_{2^m}^{\beta_i},\boldsymbol{P}_{\alpha_i})$。

• 步骤 2　按照算法 3.1 计算 Θ。

• 步骤 3　利用算法 3.2 判断是否存在一个有效的状态反馈控制器，该控制器能使主网络式(3.4)和从网络式(3.5)达到状态完全同步的状态反馈控制器。如果存在，停止计算。否则，进入步骤 4。

• 步骤 4　计算所有 $E_s(\Theta)\setminus E_{s-1}(\Theta)$ 和 $(\boldsymbol{\delta}_{2^m}^{\gamma_i},\boldsymbol{P}_i)$，其中各个 $E_s(\Theta)$ 已经在步骤 3 中得到。

• 步骤 5　按照定理 3.2 设计反馈控制率 $\boldsymbol{K}$，从而得到状态反馈控制器 $\boldsymbol{u}(t)=\boldsymbol{K}\boldsymbol{y}(t)\boldsymbol{x}(t)$。

定理 3.1 和定理 3.2 的主要优势如下。

(1) 定理 3.1 和定理 3.2 的适用范围更广。事实上，现有的大部分结果是关于驱动-响应布尔网络：

$$\begin{aligned}&\text{驱动布尔网络}\ \ \boldsymbol{x}(t+1)=\boldsymbol{F}\boldsymbol{x}(t)\\&\text{响应布尔网络}\ \ \boldsymbol{y}(t+1)=\boldsymbol{G}\boldsymbol{x}(t)\boldsymbol{y}(t)\end{aligned}\tag{3.31}$$

或此类系统的同步化，如文献[31]、文献[65]、文献[66]、文献[75]～文献[77]等。这些系统采用驱动网络状态 $\boldsymbol{x}(t)$ 作为驱动信号。显然，模型式(3.31)是主-从布尔网络系统式(3.4)-式(3.5)的一种特殊情况。对于主-从布尔网络同步化的状态反馈控制器的设计，由于驱动-响应布尔网络的同步化设计方法不能推广到主-从布尔网络，所以现有的相关文献不多见。

(2) 定理 3.1 为能使主-从布尔网络达到同步化的状态反馈控制器提供了一个充分必要的存在性条件，而且这一条件很容易被检测。虽然文献[30]、文献[70]和文献[78]为这些相同的主-从布尔网络提供了一些同步化判据，但是这些判据并不能作为能使式(3.4)-式(3.5)达到同步的状态反馈控制器的存在性条件，因为这些判据涉及一些矩阵方程，而这些方程很难求解甚至无法求解。此外，文献[30]

提供的同步化判据只是充分而非必要的。

(3)定理 3.2 提出的设计方法比现有的相关方法优越。事实上，虽然文献[30]在一些假设下对主-从布尔网络的输出同步化(当输出矩阵为单位矩阵时，输出同步化退化为状态同步化)提供了状态反馈控制器的一个有效设计方法，但是这一方法具有很大的局限性，因为该方法也涉及一些很难求解甚至无法求解的矩阵方程。

3.6 例　　子

【例 3.1】

考虑如下主-从布尔网络系统(其开环同步化问题已在文献[30]、文献[73]和文献[78]中有所讨论)，其中主网络为

$$\begin{aligned} x_1(t+1) &= x_2(t) \wedge x_3(t) \\ x_2(t+1) &= \neg x_1(t) \\ x_3(t+1) &= x_2(t) \vee x_3(t) \end{aligned} \tag{3.32}$$

从网络为

$$\begin{aligned} y_1(t+1) &= y_2(t) \wedge (y_3(t) \leftrightarrow u_1(t)) \\ y_2(t+1) &= \neg y_1(t) \\ y_3(t+1) &= y_2(t) \vee (y_3(t) \wedge u_2(t)) \end{aligned} \tag{3.33}$$

下面判断系统式(3.33)是否可以通过一个状态反馈控制器与系统式(3.32)达到状态完全同步。如果可以，要求设计一个能使其同步的状态反馈控制器。

首先，利用逻辑变量的向量形式定义 $\boldsymbol{x}(t)=\boldsymbol{x}_1(t)\boldsymbol{x}_2(t)\boldsymbol{x}_3(t)$，$\boldsymbol{y}(t)=\boldsymbol{y}_1(t)\boldsymbol{y}_2(t)\ \boldsymbol{y}_3(t)$ 和 $\boldsymbol{u}(t)=\boldsymbol{u}_1(t)\boldsymbol{u}_2(t)$。于是，通过计算得到网络式(3.32)和式(3.33)的代数形式分别为

$$\boldsymbol{x}(t+1)=\boldsymbol{F}\boldsymbol{x}(t) \tag{3.34}$$

和

$$\boldsymbol{y}(t+1)=\boldsymbol{G}\boldsymbol{u}(t)\boldsymbol{y}(t) \tag{3.35}$$

其中，

$$\boldsymbol{F}=\boldsymbol{\delta}_8[3,7,7,8,1,5,5,6] \tag{3.36}$$

$$\begin{aligned} \boldsymbol{G}=\boldsymbol{\delta}_8[&3,7,7,8,1,5,5,6,3,7,8,8,1,5,6,6,\\ &7,3,7,8,5,1,5,6,7,3,8,8,5,1,6,6] \end{aligned} \tag{3.37}$$

令 $\boldsymbol{z}(t)=\boldsymbol{y}(t)\boldsymbol{x}(t)$，由式(3.34)和式(3.35)得到

$$\boldsymbol{z}(t+1)=\boldsymbol{y}(t+1)\boldsymbol{x}(t+1)=\boldsymbol{L}\boldsymbol{u}(t)\boldsymbol{z}(t) \tag{3.38}$$

其中，$\boldsymbol{L}=\boldsymbol{G}(\boldsymbol{I}_{2^5}\otimes\boldsymbol{F})\in\mathcal{L}_{64\times256}$。

$\boldsymbol{L}=\boldsymbol{\delta}_{64}$[19,23,23,24,17,21,21,22,51,55,55,56,49,53,53,54,51,55,55,56,49,53,53,

54,59,63,63,64,57,61,61,62,3,7,7,8,1,5,5,6,35,39,39,40,33,37,37,38,35,
39,39,40,33,37,37,38,43,47,47,48,41,45,45,46,19,23,23,24,17,21,21,22,
51,55,55,56,49,53,53,54,59,63,63,64,67,61,61,62,59,63,63,64,57,61,61,
62,3,7,7,8,1,5,5,6,35,39,39,40,33,37,37,38,43,47,47,48,41,45,45,46,43,
47,47,48,41,45,45,46,51,55,55,56,49,53,53,54,19,23,23,24,17,21,21,22,
51,55,55,65,49,53,53,54,59,63,63,64,57,61,61,62,35,39,40,33,37,37,38,
3,7,7,8,1,5,5,6,35,39,39,40,33,37,37,38,43,47,47,48,41,45,45,46,51,55,
55,56,49,53,53,54,19,23,23,24,17,21,21,22,59,63,63,64,57,61,61,62,59,
63,63,64,57,61,61,62,35,39,39,40,33,37,37,38,3,7,7,8,1,5,5,6,43,47,47,
48,41,45,45,46,43,47,47,48,41,45,45,46]　(3.39)

由布尔控制网络式(3.38)，可以计算、绘制状态位于集合$\{\boldsymbol{P}_i | i=1,10,19,28,37,46,55,64\}$内的输入-状态结构图，如图 3.2 所示。系统式(3.38)有 16 组不同的核心输入-状态极限环集且每一组只含有一个核心输入-状态极限环。任意选择其中一组，例如，取

$$C:(\boldsymbol{\delta}_4^1,\boldsymbol{P}_1)\to(\boldsymbol{\delta}_4^1,\boldsymbol{P}_{19})\to(\boldsymbol{\delta}_4^1,\boldsymbol{P}_{55})\to(\boldsymbol{\delta}_4^1,\boldsymbol{P}_{37})\to(\boldsymbol{\delta}_4^1,\boldsymbol{P}_1) \tag{3.40}$$

于是，$\Theta=\{\boldsymbol{P}_i \mid i=1,19,37,55\}$。利用命题 3.1，得到$E_4(\Theta)=\Delta_{64}$。根据定理 3.1，这一结果说明布尔网络系统式(3.32)-式(3.33)能在第四步达到状态完全同步。

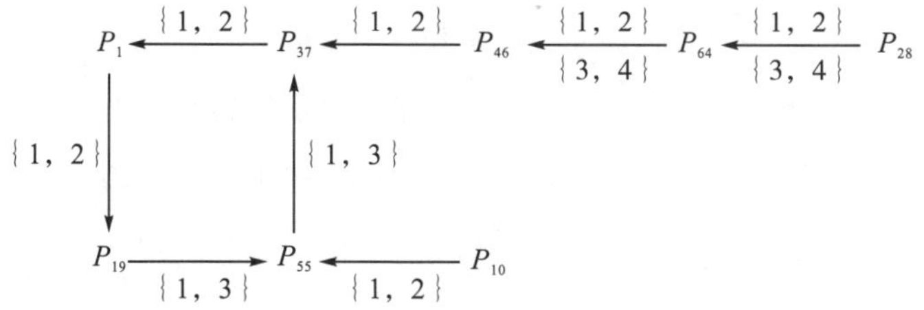

图 3.2　布尔控制网络式(3.38)状态在$\{\boldsymbol{P}_i | i=1, 10, 19, 28, 37, 46, 55, 64\}$内的输入-状态结构图

(其中，$\boldsymbol{P}_i \xrightarrow{\{r_1,r_2\}} \boldsymbol{P}_j$ 表示 $\boldsymbol{P}_i$ 能被常数控制 $\boldsymbol{u}=\delta_2^{r_1}$ 或 $\delta_2^{r_2}$ 驱动至 $\boldsymbol{P}_j$)

下面设计能使上述两系统式(3.32)和式(3.33)达到状态完全同步的状态反馈控制器。首先，由式(3.40)和定理 3.2 的方式(1)，取

$$\mathrm{Col}_i(\boldsymbol{K})=\boldsymbol{\delta}_4^1,\quad i=1,19,37,55 \tag{3.41}$$

然后，确定$\boldsymbol{K}$的其他列。按照命题 3.1，有

$$E_1(\Theta)\backslash\Theta=\{\boldsymbol{P}_i \mid i=2,3,9,10,11,18,38,39,45,46,47,54\}$$

于是，根据定理 3.2 的方式(2)，可得

$$\begin{aligned}&\gamma_{i_1}=1,\quad i_1=10,11,18,46,47,54\\&\gamma_{i_2}=3,\quad i_2=2,3,9,38,39,45\end{aligned} \tag{3.42}$$

类似于以上步骤，可以继续得到

$$E_2(\Theta)\setminus E_1(\Theta)=\{\boldsymbol{P}_i \mid i=8,16,24,33,34,35,40,41,42,43,48,50,51,56,58,59,62,63,64\}$$

$$\begin{gathered}\gamma_{i_1}=1,\ i_1=16,24,33,42,43,48,56,58,59,62,63,64\\ \gamma_{i_2}=2,\ i_2=50,51\\ \gamma_{i_3}=3,\ i_3=8,34,35,40,41\end{gathered}\tag{3.43}$$

和

$$E_3(\Theta)\setminus E_2(\Theta)=\{\boldsymbol{P}_i \mid i=4,12,17,20,25,26,27,28,32,36,44,49,52,53,57,60,61\}$$

$$\begin{gathered}\gamma_{i_1}=1,\ i_1=4,17,25,26,27,28,32,44,53,57,60,61\\ \gamma_{i_2}=2,\ i_2=20,49,52\\ \gamma_{i_3}=3,\ i_3=12,36\end{gathered}\tag{3.44}$$

和

$$\begin{gathered}E_4(\Theta)\setminus E_3(\Theta)=\{P_i \mid i=5,13,14,15,21,22,23,29,30,31\}\\ \gamma_{i_1}=1,\ i_1=5,14,15,29,30,31\\ \gamma_{i_2}=2,\ i_2=21,22,23\\ \gamma_{i_3}=3,\ i_3=6,7,13\end{gathered}\tag{3.45}$$

由式(3.42)～式(3.45)及定理 3.2 的方式(2)，取

$$\begin{gathered}\mathrm{Col}_{i_1}(\boldsymbol{K})=\boldsymbol{\delta}_4^1,\ i_1=4,5,11,14,15,16,17,18,24,25,26,27,29,30,31,32,33,42,43,44,47,\\ 48,53,54,56,57,58,59,60,61,62,63\\ \mathrm{Col}_{i_2}(\boldsymbol{K})=\boldsymbol{\delta}_4^2,\ i_2=20,21,22,23,49,50,51,52\\ \mathrm{Col}_{i_3}(\boldsymbol{K})=\boldsymbol{\delta}_4^3,\ i_3=2,3,6,7,8,9,12,13,34,35,36,38,39,40,41,45\end{gathered}\tag{3.46}$$

最后，把式(3.41)和式(3.46)结合起来，从而获得能使状态完全同步的反馈控制器 $\boldsymbol{u}(t)=\boldsymbol{K}\boldsymbol{y}(t)\boldsymbol{x}(t)$。其中，

$$\begin{aligned}\boldsymbol{K}=\boldsymbol{\delta}_4\,[&1,3,3,1,1,3,3,3,3,1,1,3,3,1,1,1,\\ &1,1,1,2,2,2,2,1,1,1,1,1,1,1,1,1,\\ &1,3,3,3,1,3,3,3,3,1,1,1,3,1,1,1,\\ &2,2,2,2,1,1,1,1,1,1,1,1,1,1,1,1]\end{aligned}\tag{3.47}$$

目前得到的只是控制器的代数形式。利用引理 1.4 和引理 1.5 将上述控制器的代数形式等价地转化为其逻辑形式，即

$$\begin{aligned}u_1(t)=&\neg y_2(t)\vee(y_3(t)\wedge x_2(t)\wedge x_3(t))\vee(y_1(t)\wedge y_3(t)\wedge x_1(t)\wedge\neg x_2(t)\wedge\neg x_3(t))\\ &\vee(\neg y_3(t)\wedge(\neg x_2(t)\vee\neg x_3(t))\wedge(\neg y_1(t)\vee x_1(t)\vee x_2(t)\vee x_3(t)))\\ u_2(t)=&\,y_2(t)\vee\neg y_3(t)\vee(y_1(t)\wedge((x_1(t)\wedge(x_2(t)\vee x_3(t)))\\ &\vee(\neg x_1(t)\wedge(\neg x_2(t)\wedge\neg x_3(t))))\vee(\neg y_1(t)\wedge\neg x_1(t))\end{aligned}\tag{3.48}$$

定义主网络式(3.32)和从网络式(3.33)在时刻 t 的距离为 $H(t)=\sum_{i=1}^{3}|x_i(t)-y_i(t)|$。当式(3.32)和式(3.33)的初始状态分别取为 $\boldsymbol{x}(0)=(1,1,1)^{\mathrm{T}}$ 和 $\boldsymbol{y}(0)=(0,0,1)^{\mathrm{T}}$ 时，主-从布尔网络式(3.32)-式(3.33)能够通过控制器式(3.48)从第三步达到状态完全同步(图 3.3)。

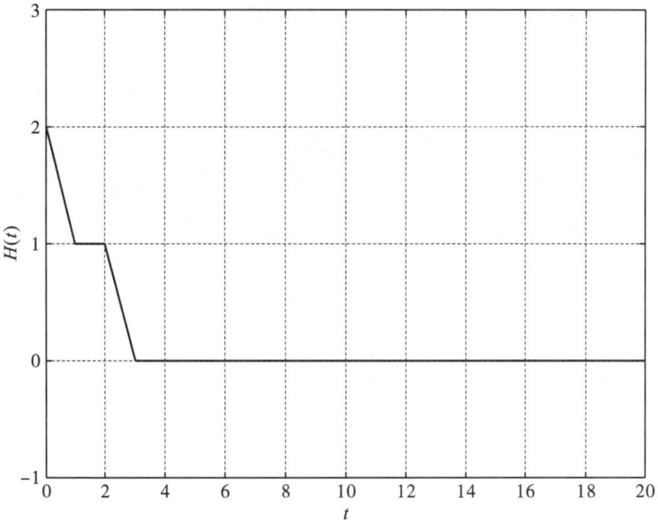

图 3.3　主网络式(3.32)和从网络式(3.33)分别始于 $\boldsymbol{x}(0)=(1,1,1)^{\mathrm{T}}$ 和 $\boldsymbol{y}(0)=(0,0,1)^{\mathrm{T}}$ 时关于时间 t 的汉明距离轨迹

3.7　本 章 小 结

本章提出了一个新的概念：核心输入-状态极限环。利用这一概念可以很方便地研究具有主-从结构的耦合布尔网络的同步化问题。首先，在布尔网络的代数框架下构造一个等价于原主-从布尔网络的新系统。这一新系统是一个布尔控制网络。然后，计算新系统的核心输入-状态极限环，并由这些环推出了一个能使原耦合系统状态完全同步的状态反馈控制器的存在性条件。该条件是充分必要的，而且很容易检测。进而，为系统状态反馈同步化提供了一个构造性的设计方法。对于上述结果，本章给出了一些相应的算法。最后，通过一个演示例子说明本章所得结果的有效性。

虽然本章考虑的是主-从布尔网络的状态完全同步化问题，但是完全可以利用本章所提出的思想和方法解决部分状态同步化的问题。事实上，只需将式(3.11)做适当修改即可。

第 4 章　主-从布尔网络输出同步化的状态反馈控制器设计

第 3 章介绍了主-从布尔网络的状态同步化，给出了状态反馈同步化的条件和设计方法。本章继续第 3 章的研究工作，将状态完全同步化推广至输出完全同步化。首先在逻辑系统的代数框架下构建一个辅助系统，然后推广第 3 章提出的核心输入-状态极限环概念。同时，提供一个用以计算辅助系统的核心输入-状态极限环的算法。基于核心输入-状态极限环，将推出一个能使主-从布尔网络输出完全同步的状态反馈控制器的存在性条件。进而，在满足上述存在性条件的前提下，提出一个设计状态反馈控制器的构造性方案。和现有的相关结果相比，本章推出的结果具有明显的优势。最后，通过一个例子说明上述结果的有效性和优势。

4.1　引　言

前几章研究的都是关于布尔网络间的状态同步化问题。然而，众所周知，在很多实际系统中，一些状态变量无法被测量。因此，对于存在耦合关系的布尔网络，其输出同步化研究更具有意义。但据作者所知，现有文献中关于布尔网络间输出同步的结果并不多见。虽然文献[67]和文献[68]针对一簇有耦合关系的布尔网络给出了输出同步化的一些充分必要判据，但是这些文献并未给出任何有关输出同步化的设计方法。文献[30]研究了主-从布尔网络的输出同步化设计，但是其中关于能使其同步化的状态反馈控制器的存在性条件仅是充分的，相关设计方法也缺乏一般性。在现有文献中，关于能使主-从布尔网络输出同步的状态反馈控制器，至今还没有给出一个充分必要的存在性条件，更没有提供一个普适的能使输出同步的状态反馈控制器的设计方法。为了解决这些问题，本章借鉴文献[19]提出的状态反馈稳定化的设计思路，同时推广了文献[72]提出的核心输入-状态极限环的概念，并得到了一些新的结果。本章的主要贡献如下。

(1)提出了一个能使主-从布尔网络输出完全同步的状态反馈控制器存在的充分必要条件，而且该条件易于检测和使用。

(2)在能使主-从布尔网络输出完全同步的状态反馈控制器存在性条件满足的情况下，提供了一个设计控制器的构造性方法。

(3)所得结果的适用范围更具广泛性，包括稳定化问题、跟踪问题及状态同步化问题。事实上，虽然文献[72]研究了驱动-响应布尔网络的状态完全同步化问题，但是这一问题显然是本章所讨论问题的一种特殊情况。此外，当目标系统是一个常数信号时，本章所讨论的对象和问题将退化为文献[72]、文献[79]、文献[80]中研究的相应模型和问题。

(4)采用核心输入-状态极限环这一新概念求解目标状态集。这一方法不同于文献[79]提出的求解方案。该方法的一个优点是它明确了什么是一个目标状态集，并能保证系统的所有轨迹最终进入这一集合。另一个优点是该方法能够直接获得一些常数输入信号，以保证系统所有状态轨迹进入目标集合后能一直停留在该集合内。

4.2　问 题 描 述

考虑下面带有主-从结构的布尔网络系统。主系统是一个具有r个内部节点和l个输出节点的布尔网络，其模型如下：

$$
\begin{aligned}
&x_i^{(1)}(t+1)=f_i^{(1)}(x_1^{(1)}(t),\cdots,\ x_r^{(1)}(t))\\
&y_j^{(1)}(t)=g_j^{(1)}(x_1^{(1)}(t),\cdots,\ x_r^{(1)}(t))\\
&i=1,2,\cdots,\ r,\ j=1,2,\cdots,\ l
\end{aligned}
\tag{4.1}
$$

其中，$x_i^{(1)}\in\mathcal{D}$为布尔网络式(4.1)的内部节点；$y_j^{(1)}\in\mathcal{D}$为式(4.1)的输出节点；$f_i^{(1)}$和$g_j^{(1)}$为从$\mathcal{D}^r$到$\mathcal{D}$的布尔函数。从系统是一个具有n个内部节点、m个输入节点及l个输出节点的布尔网络：

$$
\begin{aligned}
&x_i^{(2)}(t+1)=f_i^{(2)}(u_1(t),\cdots,\ u_m(t),\ x_1^{(2)}(t),\cdots,\ x_n^{(2)}(t))\\
&y_j^{(2)}(t)=g_j^{(2)}(x_1^{(2)}(t),\cdots,\ x_n^{(2)}(t))\\
&i=1,2,\cdots,\ n,\ j=1,2,\cdots,\ l
\end{aligned}
\tag{4.2}
$$

其中，$x_i^{(2)}$和$y_j^{(2)}\in\mathcal{D}$分别为布尔网络式(4.2)的内部节点和外部节点；u_i为输入节点；$f_i^{(2)}:\mathcal{D}^{m+n}\to\mathcal{D}$和$g_j^{(2)}:\mathcal{D}^n\to\mathcal{D}$为布尔函数。

本章考虑的状态反馈控制器模型如下：

$$
u_i(t)=\mu_i(x_1^{(1)}(t),\cdots,\ x_r^{(1)}(t),\ x_1^{(2)}(t),\cdots,\ x_n^{(2)}(t)),\ i=1,2,\cdots,m \tag{4.3}
$$

其中，$\mu_i:\mathcal{D}^{r+n}\to\mathcal{D}$为布尔函数。

在逻辑变量的向量形式下，令$\boldsymbol{x}^{(1)}(t)=\ltimes_{i=1}^{r}\boldsymbol{x}_i^{(1)}(t)$，$\boldsymbol{x}^{(2)}(t)=\ltimes_{i=1}^{n}\boldsymbol{x}_i^{(2)}(t)$，$\boldsymbol{u}(t)=\ltimes_{i=1}^{m}\boldsymbol{u}_i(t)$及$\boldsymbol{y}^{(k)}(t)=\ltimes_{j=1}^{l}\boldsymbol{x}_j^{(k)}(t)$，其中，$k=1$，2。于是存在唯一一个组合

$(\boldsymbol{F}_1, \boldsymbol{G}_1, \boldsymbol{F}_2, \boldsymbol{G}_2, \boldsymbol{K})$，使得

$$\begin{aligned}\boldsymbol{x}^{(1)}(t+1) &= \boldsymbol{F}_1\boldsymbol{x}^{(1)}(t)\\ \boldsymbol{y}^{(1)}(t) &= \boldsymbol{G}_1\boldsymbol{x}^{(1)}(t)\end{aligned} \tag{4.4}$$

$$\begin{aligned}\boldsymbol{x}^{(2)}(t+1) &= \boldsymbol{F}_2\boldsymbol{u}(t)\boldsymbol{x}^{(2)}(t)\\ \boldsymbol{y}^{(2)}(t) &= \boldsymbol{G}_2\boldsymbol{x}^{(2)}(t)\end{aligned} \tag{4.5}$$

和

$$\boldsymbol{u}(t) = \boldsymbol{K}\boldsymbol{x}^{(2)}(t)\boldsymbol{x}^{(1)}(t) \tag{4.6}$$

其中，$\boldsymbol{F}_1 \in \mathcal{L}_{2^r\times 2^r}$，$\boldsymbol{G}_1 \in \mathcal{L}_{2^l\times 2^r}$，$\boldsymbol{F}_2 \in \mathcal{L}_{2^n\times 2^{m+n}}$，$\boldsymbol{G}_2 \in \mathcal{L}_{2^l\times 2^n}$，$\boldsymbol{K} \in \mathcal{L}_{2^m\times 2^{r+n}}$。$\boldsymbol{x}^{(1)}(t,\boldsymbol{x}^{(1)}(0))$表示布尔网络式(4.4)始于初始状态$\boldsymbol{x}^{(1)}(0)$的状态轨迹；$\boldsymbol{y}^{(1)}(t,\boldsymbol{x}^{(1)}(0))$表示对应的输出轨迹；$\boldsymbol{x}^{(2)}(t,\boldsymbol{x}^{(2)}(0),U_{t-1})$表示系统式(4.5)受控制序列$U_{t-1}=\{\boldsymbol{u}(0),\boldsymbol{u}(1),\cdots,\boldsymbol{u}(t-1)\}$驱动且始于初始状态$\boldsymbol{x}^{(2)}(0)$的运动轨迹，其中，$\boldsymbol{u}(j)=\ltimes_{i=1}^{m}\boldsymbol{u}_i(j)$；$\boldsymbol{y}^{(2)}\left(t,\boldsymbol{x}^{(2)}(0),U_{t-1}\right)$表示相应的输出轨迹。因为网络式(4.1)～式(4.3)分别等价于式(4.4)～式(4.6)，所以为了突出方法本身，本章仅讨论模型式(4.4)～式(4.6)。

下面给出输出同步化定义，该定义等价于文献[30]的定义 3。

【定义 4.1】

对于任意初始状态$\boldsymbol{x}_0^{(1)} \in \Delta_{2^r}$，$\boldsymbol{x}_0^{(2)} \in \Delta_{2^n}$，如果存在一个控制序列$U=\{\boldsymbol{w}_0, \boldsymbol{w}_1, \boldsymbol{w}_2,\cdots\}$和一个正整数$T$，使得对于所有$t \geqslant T$，有$\boldsymbol{y}^{(1)}(t,\boldsymbol{x}_0^{(1)}) = \boldsymbol{y}^{(2)}(t,\boldsymbol{x}_0^{(2)},U_{t-1})$成立，则称主-从布尔网络式(4.1)-式(4.2)能达到输出完全同步。

本章的一个目的是推出能使主-从布尔网络式(4.1)-式(4.2)输出完全同步的状态反馈控制器的存在性条件。另一个目的是在满足上述存在性条件的前提下，给出状态反馈控制器的设计方法。

4.3 构造辅助系统

为了分析布尔网络式(4.4)-式(4.5)的同步化问题，首先建立一个辅助系统。记$\boldsymbol{x}(t)=\boldsymbol{x}^{(2)}(t)\boldsymbol{x}^{(1)}(t)\in\Delta_{2^{n+r}}$，$\boldsymbol{y}(t)=\boldsymbol{y}^{(2)}(t)\boldsymbol{y}^{(1)}(t)\in\Delta_{2^{2l}}$。利用引理 1.1，有

$$\begin{aligned}\boldsymbol{x}(t+1) &= \boldsymbol{x}^{(2)}(t+1)\boldsymbol{x}^{(1)}(t+1)\\ &= \boldsymbol{F}_2\boldsymbol{u}(t)\boldsymbol{x}^{(2)}(t)\boldsymbol{F}_1\boldsymbol{x}^{(1)}(t)\\ &= \boldsymbol{F}_2(\boldsymbol{I}_{2^{m+n}}\otimes\boldsymbol{F}_1)\boldsymbol{u}(t)\boldsymbol{x}(t)\end{aligned} \tag{4.7}$$

及

$$\begin{aligned}\boldsymbol{y}(t) &= \boldsymbol{y}^{(2)}(t)\boldsymbol{y}^{(1)}(t)\\ &= \boldsymbol{G}_2\boldsymbol{x}^{(2)}(t)\boldsymbol{G}_1\boldsymbol{x}^{(1)}(t)\\ &= \boldsymbol{G}_2(\boldsymbol{I}_{2^n}\otimes \boldsymbol{G}_1)\boldsymbol{x}(t)\end{aligned} \tag{4.8}$$

因此，得到一个新的系统

$$\begin{aligned}\boldsymbol{x}(t+1) &= \boldsymbol{L}\boldsymbol{u}(t)\boldsymbol{x}(t)\\ \boldsymbol{y}(t) &= \boldsymbol{H}\boldsymbol{x}(t)\end{aligned} \tag{4.9}$$

其中，$\boldsymbol{L}=\boldsymbol{F}_2(\boldsymbol{I}_{2^{m+n}}\otimes \boldsymbol{F}_1)\in \mathcal{L}_{2^{n+r}\times 2^{m+n+r}}$，$\boldsymbol{H}=\boldsymbol{G}_2(\boldsymbol{I}_{2^n}\otimes \boldsymbol{G}_1)\in \mathcal{L}_{2^{2l}\times 2^{n+r}}$。将式(4.6)中 $\boldsymbol{x}^{(2)}(t)$ $\boldsymbol{x}^{(1)}(t)$ 替换为 $\boldsymbol{x}(t)$，从而得到

$$\boldsymbol{u}(t)=\boldsymbol{K}\boldsymbol{x}(t) \tag{4.10}$$

现在定义一个重要集合：

$$\Lambda=\{\boldsymbol{\delta}_{2^{2l}}^{\lambda_i} \mid \lambda_i=(i-1)2^l+i,\ i=1,2,\cdots,2^l\} \tag{4.11}$$

显然，$\boldsymbol{y}^{(1)}=\boldsymbol{y}^{(2)}$ 当且仅当 $\boldsymbol{y}\in\Lambda$，其中 $\boldsymbol{y}^{(1)}, \boldsymbol{y}^{(2)}\in\Delta_{2^l}$ 及 $\boldsymbol{y}=\boldsymbol{y}^{(2)}\ltimes \boldsymbol{y}^{(1)}$。

根据定义4.1，容易给出主-从布尔网络式(4.4)-式(4.5)能达到输出完全同步的一个等价定义。

【定义 4.2】

对于任意初始状态 $\boldsymbol{x}_0\in\Delta_{2^{n+r}}$，如果存在一个控制序列 $U=\{\boldsymbol{w}_0, \boldsymbol{w}_1, \boldsymbol{w}_2,\cdots\}$ 和一个正整数 T，使得系统式(4.9)的输出轨迹 $\boldsymbol{y}(t, \boldsymbol{x}_0, U_{t-1})\in\Lambda, \forall t\geqslant T$，那么称布尔网络式(4.1)[等价于式(4.4)]和布尔网络式(4.2)[等价于式(4.5)]能达到输出完全同步。

另一个重要集合定义为

$$\Omega=\{\boldsymbol{x}\mid \boldsymbol{x}\in\Delta_{2^{n+r}}\text{ 且 }\boldsymbol{H}\boldsymbol{x}\in\Lambda\} \tag{4.12}$$

其中，Ω 为输出达到同步时所对应的所有状态所构成的集合。

正如第 3 章所述，状态属于 Ω 的所有基本输入-状态极限环可以利用 Johnson 算法计算，并设这些极限环如下：

$$\begin{aligned}&C_1:(\boldsymbol{\delta}_{2^m}^{\beta_1}, P_{\alpha_1})\to(\boldsymbol{\delta}_{2^m}^{\beta_2}, P_{\alpha_2})\to\cdots\to(\boldsymbol{\delta}_{2^m}^{\beta_{k_1}}, P_{\alpha_{k_1}})\to(\boldsymbol{\delta}_{2^m}^{\beta_1}, P_{\alpha_1})\\ &C_2:(\boldsymbol{\delta}_{2^m}^{\beta_{k_1+1}}, P_{\alpha_{k_1+1}})\to(\boldsymbol{\delta}_{2^m}^{\beta_{k_1+2}}, P_{\alpha_{k_1+2}})\to\cdots\to(\boldsymbol{\delta}_{2^m}^{\beta_{k_2}}, P_{\alpha_{k_2}})\to(\boldsymbol{\delta}_{2^m}^{\beta_{k_1+1}}, P_{\alpha_{k_1+1}})\\ &\qquad\cdots\cdots\\ &C_h:(\boldsymbol{\delta}_{2^m}^{\beta_{k_{h-1}+1}}, P_{\alpha_{k_{h-1}+1}})\to(\boldsymbol{\delta}_{2^m}^{\beta_{k_{h-1}+2}}, P_{\alpha_{k_{h-1}+2}})\to\cdots\to(\boldsymbol{\delta}_{2^m}^{\beta_{k_h}}, P_{\alpha_{k_h}})\\ &\qquad\to(\boldsymbol{\delta}_{2^m}^{\beta_{k_{h-1}+1}}, P_{\alpha_{k_{h-1}+1}})\end{aligned} \tag{4.13}$$

其中，$\{P_{\alpha_i}\mid i=1,2,\cdots, k_h\}\subseteq\Omega$。对应地，记

$$\begin{aligned}&\Psi_1=\{P_{\alpha_1},\ P_{\alpha_2},\cdots,\ P_{\alpha_{k_1}}\}\\&\Psi_2=\{P_{\alpha_{k_1+1}},\ P_{\alpha_{k_1+2}},\cdots,\ P_{\alpha_{k_2}}\}\\&\cdots\cdots\\&\Psi_h=\{P_{\alpha_{k_{h-1}+1}},\ P_{\alpha_{k_{h-1}+2}},\cdots,\ P_{\alpha_{k_h}}\}\end{aligned}\tag{4.14}$$

为了得到一个适当的状态集合，下面给出一个算法。

【算法 4.1】

• 步骤 1　取 $i=2$，$\Theta=\Psi_1$，并进入步骤 2。

• 步骤 2　判断等式 $\Theta\cap\Psi_i=\varnothing$ 是否成立。如果成立，取 $\Theta=\Theta\cup\Psi_i$。否则，Θ 保持不变。令 $i=i+1$，进入步骤 3。

• 步骤 3　判断不等式 $i\leqslant h$ 是否成立。如果成立，返回步骤 2。否则，停止计算。

为了叙述方便，不失一般性，假设由算法 4.1 计算得到的集合为

$$\Theta=\Psi_1\cup\Psi_2\cup\cdots\cup\Psi_\lambda\tag{4.15}$$

其中，$\lambda\leqslant h$。否则，可以通过对式(4.13)中所有的 C_i 进行重排而获得上述集合。从而，对于所有 $1\leqslant i<j\leqslant\lambda$，有 $\Psi_i\cap\Psi_j=\varnothing$ 成立，并且对于任意 $\lambda<i\leqslant h$，有 $\Psi_i\cap\Theta\neq\varnothing$ 成立。

【定义 4.3】

假设 Θ 由算法 4.1 计算并设为式(4.15)。相应地，$C_i(i=1,2,\cdots,\lambda)$ 称为系统式(4.9)的核心输入-状态(极限)环。

【注释 4.1】

当主-从布尔网络式(4.4)-式(4.5)的输出取为状态向量(相当于取 $\boldsymbol{G}_1=\boldsymbol{G}_2=\boldsymbol{I}_{2^n}$)时，可得 $\Omega=\Lambda$。因此，定义 4.3 是第 3 章提出的核心输入-状态极限环的一种推广(也可参看文献[72])。

【注释 4.2】

对于系统式(4.9)，其核心输入-状态环集合可能并不唯一，因为对所有的 Ψ_i 可以进行重排，所以任意的 Ψ_j 都能够选作 Ψ_1。

【注释 4.3】

系统式(4.9)可能没有核心输入-状态环。例如，考虑下面两个系统。布尔网络式(4.16)是主系统，它只有一个内部节点和一个输出节点，即

$$\begin{aligned}&\boldsymbol{x}^{(1)}(t+1)=\neg\boldsymbol{x}^{(1)}(t)\\&\boldsymbol{y}^{(1)}(t)=\boldsymbol{x}^{(1)}(t)\end{aligned}\tag{4.16}$$

布尔网络式(4.17)只有一个内部节点、一个输入节点和一个输出节点，现在选它作为从系统：

$$\begin{aligned} \boldsymbol{x}^{(2)}(t+1) &= \boldsymbol{u}(t) \wedge \boldsymbol{x}^{(2)}(t) \\ \boldsymbol{y}^{(2)}(t) &= \neg \boldsymbol{x}^{(2)}(t) \end{aligned} \tag{4.17}$$

在逻辑变量的向量形式下，定义 $\boldsymbol{x}(t) = \boldsymbol{x}^{(2)}(t) \ltimes \boldsymbol{x}^{(1)}(t)$，$\boldsymbol{y}(t) = \boldsymbol{y}^{(2)}(t) \ltimes \boldsymbol{y}^{(1)}(t)$。从而得到辅助系统，即

$$\begin{aligned} \boldsymbol{x}(t+1) &= \boldsymbol{\delta}_4 \left[2,1,4,3,4,3,4,3\right] \boldsymbol{u}(t) \boldsymbol{x}(t) \\ \boldsymbol{y}(t) &= \boldsymbol{\delta}_4 \left[3,4,1,2\right] \boldsymbol{x}(t) \end{aligned} \tag{4.18}$$

因为 $\varLambda = \{\boldsymbol{\delta}_4^1, \ \boldsymbol{\delta}_4^4\}$，所以由式(4.18)得到 $\varOmega = \{P_2, \ P_3\}$。可以验证，系统式(4.18)没有核心输入-状态环。

下面利用 $\varTheta$ 定义如下集合：

$$\begin{aligned} E_k(\varTheta) = \{ &\boldsymbol{x}_0 \in \Delta_{2^{n+r}}：存在控制序列 \boldsymbol{u}(0), \cdots, \ \boldsymbol{u}(k-1) \in \Delta_{2^m}, \\ &使得 \boldsymbol{x}(k, \ \boldsymbol{x}_0, \ U_{k-1}) \in \varTheta \} \end{aligned} \tag{4.19}$$

【注释 4.4】

关于 $E_k(\varTheta)$，具有类似于命题 3.1 和引理 3.1 的结论。例如，存在一非负整数 $T^* \leqslant 2^{2n} - \|\varTheta\|$，使得

$$\varTheta \subset E_1(\varTheta) \subset \cdots \subset E_{T^*}(\varTheta) = E_{T^*+1}(\varTheta) = \cdots \tag{4.20}$$

当 $E_{T^*-1}(\varTheta) \subset E_{T^*}(\varTheta) = \Delta_{2^{n+r}}$ 时，将状态空间 $\Delta_{2^{n+r}}$ 进行如下分割：

$$\Delta_{2^{n+r}} = E_0(\varTheta) \cup (E_1(\varTheta) \setminus E_0(\varTheta)) \cup \cdots \cup (E_{T^*}(\varTheta) \setminus E_{T^*-1}(\varTheta)) \tag{4.21}$$

其中，$E_0(\varTheta) = \varTheta$。对于任意 $P_i \in \Delta_{2^{n+r}}$，下面分两种情形讨论。

(1) 当 $P_i \in \Delta_{2^{n+r}} \setminus \varTheta$ 时，存在唯一一个整数 $1 \leqslant k_i \leqslant T^*$，使得

$$P_i \in E_{k_i}(\varTheta) \setminus E_{k_i-1}(\varTheta) \tag{4.22}$$

类似于注释 3.3 所述，存在一个常数控制 $\boldsymbol{u} = \boldsymbol{\delta}_{2^m}^{\gamma_i}$，使得

$$\boldsymbol{x}(1, P_i, \boldsymbol{\delta}_{2^m}^{\gamma_i}) \in E_{k_i-1}(\varTheta) \tag{4.23}$$

(2) 当 $P_i \in \varTheta$，即存在一个整数 $1 \leqslant j \leqslant k_\lambda$，使得 $P_i = \boldsymbol{\delta}_{2^{n+r}}^{\alpha_j}$ 时，取 $\gamma_i = \beta_j$，其中 α_j 和 β_j 的定义如式(4.13)。按此方法，可以确定 $\boldsymbol{x}(1, P_i, \boldsymbol{\delta}_{2^m}^{\gamma_i}) = \boldsymbol{x}(1, P_{\alpha_j}, \boldsymbol{\delta}_{2^m}^{\beta_j}) \in \varTheta$。

现在利用上面的 γ_i 构造一个状态反馈控制器：

$$\boldsymbol{u}(t) = \boldsymbol{K}\boldsymbol{x}(t) = \boldsymbol{\delta}_{2^m}[\gamma_1, \ \gamma_2, \cdots, \ \gamma_{2^{n+r}}]\boldsymbol{x}(t) \tag{4.24}$$

下面给出本章的主定理。

【定理 4.1】

主-从布尔网络式(4.4)-式(4.5)能达到输出完全同步，当且仅当存在一个正整数 $T^* \leqslant 2^{n+r} - \|\varTheta\|$，使得

$$E_{T^*-1}(\varTheta) \subset E_{T^*}(\varTheta) = \Delta_{2^{n+r}} \tag{4.25}$$

其中，$\varTheta$ 由算法 4.1 计算得到；$\|\varTheta\|$ 为集合 $\varTheta$ 的势。进而，如果式(4.25)成立，那么按照式(4.24)设计的状态反馈控制器能使主-从布尔网络式(4.4)-式(4.5)达到

输出完全同步。

证明 (必要性) 由定义 4.2 可知，对于辅助系统式(4.9)的任意初始状态 $\boldsymbol{x}_0 \in \Delta_{2^{n+r}}$，存在一个控制序列 $\boldsymbol{U}=\{\boldsymbol{w}_0,\boldsymbol{w}_1,\boldsymbol{w}_2,\cdots\}$ 和一个正整数 T，使得当 $t\geqslant T$ 时，系统式(4.9)的输出轨迹满足 $\boldsymbol{y}(t,\ \boldsymbol{x}_0,\ \boldsymbol{U}_{t-1})\in \Lambda$，或者等价于状态轨迹满足 $\boldsymbol{x}(t,\boldsymbol{x}_0,U_{t-1})\in \Omega$，即输入-状态路径

$$(\boldsymbol{w}_0,\boldsymbol{x}_0)\to(\boldsymbol{w}_1,\boldsymbol{x}(1))\to\cdots\to(\boldsymbol{w}_t,\boldsymbol{x}(t))\to\cdots \tag{4.26}$$

满足 $\boldsymbol{x}(t)\in\Omega,\ \forall t\geqslant T$。因为所有不同的输入-状态个数是有限的，所以存在两个不同的时刻 $T_2>T_1\geqslant T$ 使得 $(\boldsymbol{w}_{T_1},\boldsymbol{x}(T_1))=(\boldsymbol{w}_{T_2},\boldsymbol{x}(T_2))$。因此，

$$(\boldsymbol{w}_{T_1},\boldsymbol{x}(T_1))\to(\boldsymbol{w}_{T_1+1},\boldsymbol{x}(T_1+1))\to\cdots\to(\boldsymbol{w}_{T_2},\boldsymbol{x}(T_2)) \tag{4.27}$$

是一个状态在 Ω 内的输入-状态环。如果式(4.27)不是基本输入-状态环，那么可以将它划分为若干个基本输入-状态环。显然，这些基本输入-状态环在(4.13)内，这意味着由算法 4.1 计算得到的集合 Θ 是非空的。于是，有 $\{\boldsymbol{x}(t)|\ T_1\leqslant t\leqslant T_2-1\}\cap\Theta\neq\varnothing$。换言之，存在一个时刻 $T_1\leqslant T_3\leqslant T_2$ 满足 $\boldsymbol{x}(T_3,\boldsymbol{x}_0,\boldsymbol{U}_{T_3-1})\in\Theta$，这说明 $\boldsymbol{x}_0\in E_{T_3}(\Theta)$。由注释 4.4 可知，存在一时刻 $T^*\leqslant 2^{n+r}-\|\Theta\|$，使得

$$E_{T_3}(\Theta)\subseteq E_{T^*}(\Theta)=E_{T^*+1}(\Theta)=\cdots \tag{4.28}$$

显然，式(4.28)蕴含了

$$\boldsymbol{x}_0\in E_{T^*}(\Theta) \tag{4.29}$$

由于选择初始状态 $\boldsymbol{x}_0$ 的任意性，所以式(4.29)说明 $\Delta_{2^{n+r}}\subseteq E_{T^*}(\Theta)$。注意到 $E_k(\Theta)\subseteq\Delta_{2^{n+r}}$ 对于所有正整数 k 都成立。由此，推出 $E_{T^*}(\Theta)=\Delta_{2^{n+r}}$。

(充分性) 容易理解，充分性证明只需验证控制器式(4.24)的可行性即可。对于系统式(4.9)的任意初始状态 $\boldsymbol{x}_0=P_i\in\Delta_{2^{n+r}}$，计算

$$\boldsymbol{u}=\boldsymbol{K}\boldsymbol{x}_0=\boldsymbol{K}\delta_{2^{n+r}}^i=\mathrm{Col}_i(\boldsymbol{K})=\boldsymbol{\delta}_{2^m}^{\gamma_i} \tag{4.30}$$

下面分两种情形来分析。

当 $\boldsymbol{x}_0\in\Theta$，即存在某一整数 $1\leqslant j\leqslant k_\lambda$，使得 $P_i=P_{\alpha_j}$ 成立时，通过计算可得 $\boldsymbol{u}=\boldsymbol{\delta}_{2^m}^{\gamma_i}=\boldsymbol{\delta}_{2^m}^{\beta_j}$。于是，$(\boldsymbol{\delta}_{2^m}^{\beta_j},\ P_{\alpha_j})$ 在网络式(4.13)的一个输入-状态环上。不失一般性，假设 Θ 为式(4.15)。上述初始状态 $\boldsymbol{x}_0\in\Theta$ 选法的任意性说明控制器式(4.24)把 Θ 映射为 $\{\boldsymbol{\delta}_{2^m}^{\beta_j}|1\leqslant j\leqslant k_\lambda\}$，准确地讲，控制器式(4.24)把 P_{α_j} 映射为 $\boldsymbol{\delta}_{2^m}^{\beta_j}$。因此，网络式(4.9)的输入-状态将总在基本输入-状态环上。从而，受控系统

$$\begin{aligned}\boldsymbol{x}(t+1)&=\boldsymbol{L}\boldsymbol{u}(t)\boldsymbol{x}(t)\\&=\boldsymbol{L}\boldsymbol{K}\boldsymbol{x}(t)\boldsymbol{x}(t)\\&=\boldsymbol{L}\boldsymbol{K}\boldsymbol{\Phi}_{n+r}\boldsymbol{x}(t)\end{aligned} \tag{4.31}$$

的状态将一直停留在 Θ 内，其中

$$\boldsymbol{\Phi}_{n+r}=\boldsymbol{\delta}_{2^{2(n+r)}}[1,2^{n+r}+2,2\times2^{n+r}+3,\cdots,(2^{n+r}-2)2^{n+r}+2^{n+r}-1,2^{2(n+r)}] \tag{4.32}$$

于是，有 $y(t)\in\Lambda(t=0,1,\cdots)$。

当 $\boldsymbol{x}_0\notin\Theta$ 时，对应的常数控制 $\boldsymbol{u}=\boldsymbol{\delta}_{2^m}^{\gamma_i}$ 能够把 $\boldsymbol{x}_0$ 从 $E_{k_i}(\Theta)\setminus E_{k_i-1}(\Theta)$ 驱使至集合 $E_{k_i-1}(\Theta)$ 内，即 $\boldsymbol{x}(1,\boldsymbol{x}_0,\boldsymbol{K}\boldsymbol{x}_0)\in E_{k_i-1}(\Theta)$。如果 $E_{k_i-1}(\Theta)=\Theta$，如上所述，将得到 $\boldsymbol{y}(t)\in\Lambda(t=1,2,\cdots)$。否则，对 $\boldsymbol{x}(1,\boldsymbol{K}\boldsymbol{x}_0,\boldsymbol{x}_0)$ 采用上述相同的方法并且一直进行下去。因为 T^* 是有限的，又由于 $k_i\leqslant T^*$，所以可得到 $\boldsymbol{x}(T^*,\boldsymbol{x}_0,\boldsymbol{K}\boldsymbol{x}(T^*-1))\in\Theta$ 且 $\boldsymbol{y}(t)\in\Lambda(t=T^*,\ T^*+1,\cdots)$。根据定义 4.2 可知，主-从布尔网络式(4.4)-式(4.5)能达到输出完全同步。

【注释 4.5】

容易看到当 $\Theta=\varnothing$ 时，对于任意正整数 k，有 $E_k(\Theta)=\varnothing$。于是，$E_{T^*}(\Theta)=\Delta_{2^{n+r}}$ 蕴含了 $\Theta\neq\varnothing$。换言之，$\Theta\neq\varnothing$ 是能使主-从布尔网络式(4.4)-式(4.5)达到输出完全同步的状态反馈控制器存在的一个必要条件。

【注释4.6】

由注释 4.4 和定理 4.1 可知，网络式(4.4)和式(4.5)能否达到输出完全同步是由式(4.20)中 $E_{T^*}(\Theta)$ 决定的。具体来讲，如果 $E_{T^*-1}(\Theta)\subset E_{T^*}(\Theta)=\Delta_{2^{n+r}}$，那么主-从布尔网络式(4.4)-式(4.5)通过状态反馈控制器式(4.24)能从第 T^* 步达到输出完全同步。否则，其输出同步化不可能实现。

【注释4.7】

定理 4.1 为能使主-从布尔网络达到输出完全同步化的状态反馈控制器提供了一个充分必要的存在性条件，且该条件容易检测。

【注释4.8】

定理 4.1 为可行状态反馈控制器提供了一个构造性的设计方法。由于选择 $\boldsymbol{\delta}_{2^m}^{\gamma_i}$ (对应于 P_i)的非唯一性，所以按照上述方法设计的可行控制器并非唯一。

【注释4.9】

当目标系统是一常数信号时，定理 4.1 退化为文献[19]、文献[79]、文献[80]中的相应结果。此外，当 $r=n$ 及 $\boldsymbol{G}_1=\boldsymbol{G}_2=\boldsymbol{I}_{2^n}$ 时，定理 4.1 即为第 3 章的定理 3.1 和定理 3.2(或参考文献[72]的定理 1 和定理 2)。

【注释4.10】

定理 4.1 明确地说明了 Θ 为辅助系统式(4.9)的目标状态集合。另外，为了使系统状态轨迹保持在集合 Θ 内，所需的状态反馈控制器式(4.24)可由 $\delta_{2^m}^{\gamma_i}$ 直接得到。

4.4 例　　子

【例4.1】

考虑如下主-从系统，其中主系统是一个带输出的布尔网络：

$$\begin{aligned}
&x_1^{(1)}(t+1)=x_2^{(1)}(t)\wedge x_3^{(1)}(t)\\
&x_2^{(1)}(t+1)=\neg x_1^{(1)}(t)\\
&x_3^{(1)}(t+1)=x_2^{(1)}(t)\vee x_3^{(1)}(t)\\
&y_1^{(1)}(t)=(x_1^{(1)}(t)\wedge x_2^{(1)}(t))\vee(\neg x_1^{(1)}(t)\wedge\neg x_2^{(1)}(t))\vee x_3^{(1)}(t)\\
&y_2^{(1)}(t)=(x_1^{(1)}(t)\wedge\neg x_2^{(1)}(t))\vee x_3^{(1)}(t)
\end{aligned}\tag{4.33}$$

从系统是一个带输出的布尔控制网络：

$$\begin{aligned}
&x_1^{(2)}(t+1)=x_1^{(2)}(t)\wedge x_2^{(2)}(t)\wedge u_1(t)\\
&x_2^{(2)}(t+1)=\neg x_1^{(2)}(t)\leftrightarrow u_2(t)\\
&y_1^{(2)}(t)=x_1^{(2)}(t)\vee x_2^{(2)}(t)\\
&y_2^{(2)}(t)=x_1^{(2)}(t)\rightarrow x_2^{(2)}(t)
\end{aligned}\tag{4.34}$$

下面判定主-从布尔网络式(4.33)-式(4.34)能否通过一个适当的反馈控制器达到输出完全同步。如果能，那么设计一个能使上述主-从系统达到输出完全同步的状态反馈控制器。

利用逻辑变量的向量形式，定义$\boldsymbol{x}^{(1)}(t)=\boldsymbol{x}_1^{(1)}(t)\boldsymbol{x}_2^{(1)}(t)\boldsymbol{x}_3^{(1)}(t)$，$\boldsymbol{y}^{(1)}(t)=\boldsymbol{y}_1^{(1)}(t)\boldsymbol{y}_2^{(1)}(t)$，$\boldsymbol{x}^{(2)}(t)=\boldsymbol{x}_1^{(2)}(t)\boldsymbol{x}_2^{(2)}(t)$，$\boldsymbol{y}^{(2)}(t)=\boldsymbol{y}_1^{(2)}(t)\boldsymbol{y}_2^{(2)}(t)$及$\boldsymbol{u}(t)=\boldsymbol{u}_1(t)\boldsymbol{u}_2(t)$。根据引理 1.2 和引理 1.3 可以计算网络式(4.33)和式(4.34)的代数形式分别为

$$\begin{aligned}
&\boldsymbol{x}^{(1)}(t+1)=\boldsymbol{F}_1\boldsymbol{x}^{(1)}(t)\\
&\boldsymbol{y}^{(1)}(t+1)=\boldsymbol{G}_1\boldsymbol{x}^{(1)}(t)
\end{aligned}\tag{4.35}$$

和

$$\begin{aligned}
&\boldsymbol{x}^{(2)}(t+1)=\boldsymbol{F}_2\boldsymbol{u}(t)\boldsymbol{x}^{(2)}(t)\\
&\boldsymbol{y}^{(2)}(t+1)=\boldsymbol{G}_2\boldsymbol{x}^{(2)}(t)
\end{aligned}\tag{4.36}$$

其中，

$$\boldsymbol{F}_1=\boldsymbol{\delta}_8[3,7,7,8,1,5,5,6],\quad \boldsymbol{G}_1=\boldsymbol{\delta}_4[1,2,1,3,1,4,1,2]\tag{4.37}$$

$$\begin{aligned}
&\boldsymbol{F}_2=\boldsymbol{\delta}_4[2,4,3,3,1,3,4,4,4,4,3,3,3,3,4,4]\\
&\boldsymbol{G}_2=\boldsymbol{\delta}_4[1,2,1,3]
\end{aligned}\tag{4.38}$$

取$\boldsymbol{x}(t)=\boldsymbol{x}^{(2)}(t)\boldsymbol{x}^{(1)}(t)$和$\boldsymbol{y}(t)=\boldsymbol{y}^{(2)}(t)\boldsymbol{y}^{(1)}(t)$，由式(4.35)～式(4.38)可以推出：

$$\begin{aligned}
&\boldsymbol{x}(t+1)=\boldsymbol{x}^{(2)}(t+1)\boldsymbol{x}^{(1)}(t+1)=\boldsymbol{L}\boldsymbol{u}(t)\boldsymbol{x}(t)\\
&\boldsymbol{y}(t)=\boldsymbol{G}_2\boldsymbol{x}^{(2)}(t)\boldsymbol{G}_1\boldsymbol{x}^{(1)}(t)=\boldsymbol{H}\boldsymbol{x}(t)
\end{aligned}\tag{4.39}$$

其中，$\boldsymbol{L}=\boldsymbol{F}_2(\boldsymbol{I}_{2^4}\otimes\boldsymbol{F}_1)\in\mathcal{L}_{32\times128}$，$\boldsymbol{H}=\boldsymbol{G}_2(\boldsymbol{I}_{2^2}\otimes\boldsymbol{G}_1)\in\mathcal{L}_{16\times32}$。经过计算，得到

$$\begin{aligned}\boldsymbol{L}=\boldsymbol{\delta}_{32}[&11,15,15,16,9,13,13,14,27,31,31,32,25,29,29,30,19,23,23,24,17,21,21,22,19,23,23,\\&24,17,21,21,22,3,7,7,8,1,5,5,6,19,23,23,24,17,21,21,22,27,31,31,32,25,29,29,30,\\&27,31,31,32,25,29,29,30,27,31,31,32,25,29,29,30,27,31,31,32,25,29,29,30,19,23,\\&23,24,17,21,21,22,19,23,23,24,17,21,21,22,19,23,23,24,17,21,21,22,19,23,23,24,\\&17,21,21,22,27,31,31,32,25,29,29,30,27,31,31,32,25,29,29,30]\end{aligned}\tag{4.40}$$

及

$$\begin{aligned}\boldsymbol{H}=\boldsymbol{\delta}_{16}[&1,2,1,3,1,4,1,2,5,6,5,7,5,8,5,6,\\&1,2,1,3,1,4,1,2,9,10,9,11,9,12,9,10]\end{aligned}\tag{4.41}$$

注意到：

$$\Lambda=\{\boldsymbol{\delta}_{16}^1,\ \boldsymbol{\delta}_{16}^6,\ \boldsymbol{\delta}_{16}^{11},\ \boldsymbol{\delta}_{16}^{16}\}\tag{4.42}$$

由式(4.41)和式(4.42)容易得到

$$\Omega=\{P_1,\ P_3,\ P_5,\ P_7,\ P_{10},\ P_{16},\ P_{17},\ P_{19},\ P_{21},\ P_{23},\ P_{28}\}\tag{4.43}$$

图 4.1 给出了系统式(4.39)的输入-状态空间图(这里只画出状态在Ω的部分)。从图 4.1 中可以发现，系统式(4.39)有共计 16 组不同的核心输入-状态环，并且每一组由两个核心输入-状态环构成，例如：

$$\begin{aligned}&C_1:(\boldsymbol{\delta}_4^2,\ P_1)\to(\boldsymbol{\delta}_4^2,\ P_3)\to(\boldsymbol{\delta}_4^2,\ P_7)\to(\boldsymbol{\delta}_4^2,\ P_5)\to(\boldsymbol{\delta}_4^2,\ P_1)\\&C_2:(\boldsymbol{\delta}_4^1,\ P_{17})\to(\boldsymbol{\delta}_4^1,\ P_{19})\to(\boldsymbol{\delta}_4^1,\ P_{23})\to(\boldsymbol{\delta}_4^1,\ P_{21})\to(\boldsymbol{\delta}_4^1,\ P_{17})\end{aligned}\tag{4.44}$$

及

$$\begin{aligned}&C_1':(\boldsymbol{\delta}_4^2,\ P_1)\to(\boldsymbol{\delta}_4^2,\ P_3)\to(\boldsymbol{\delta}_4^2,\ P_7)\to(\boldsymbol{\delta}_4^2,\ P_5)\to(\boldsymbol{\delta}_4^2,\ P_1)\\&C_2':(\boldsymbol{\delta}_4^3,\ P_{17})\to(\boldsymbol{\delta}_4^3,\ P_{19})\to(\boldsymbol{\delta}_4^3,\ P_{23})\to(\boldsymbol{\delta}_4^3,\ P_{21})\to(\boldsymbol{\delta}_4^3,\ P_{17})\end{aligned}\tag{4.45}$$

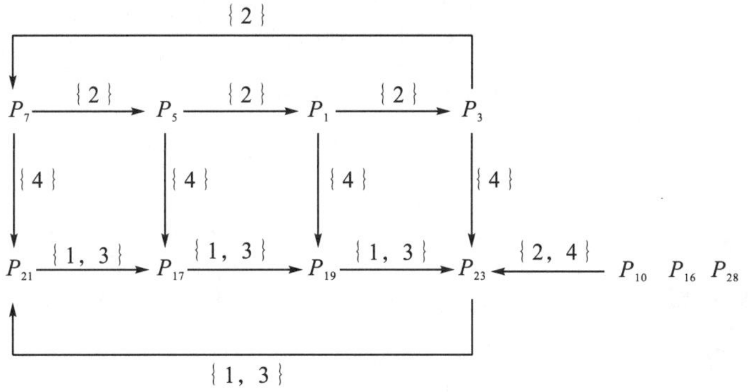

图 4.1　系统式(4.39)在$\Lambda=\{P_i\mid i=1,3,5,7,10,16,17,19,21,23,28\}$内的输入-状态空间图(其中，$\boldsymbol{P}_i\xrightarrow{\{r_1,r_2\}}\boldsymbol{P}_j$表示$\boldsymbol{P}_i$能被常数控制$\boldsymbol{u}=\boldsymbol{\delta}_2^{r_1}$或$\boldsymbol{\delta}_2^{r_2}$驱动至$\boldsymbol{P}_j$)

任选其中一组核心输入-状态环来考虑，如取式(4.44)，则

$$\Theta=\{P_i \mid i=1,3,5,7,17,19,21,23\}$$

从而，可以计算

$$\begin{aligned}E_1(\Theta)&=\Delta_{32}\setminus\{P_4,\ P_8,\ P_{12},\ P_{16},\ P_{20},\ P_{24},\ P_{28},\ P_{32}\}\\E_2(\Theta)&=\Delta_{32}\setminus\{P_4,\ P_{12},\ P_{20},\ P_{28}\}\\E_3(\Theta)&=\Delta_{32}\end{aligned}\tag{4.46}$$

根据定理 4.1，主-从布尔网络式(4.33)-式(4.34)可以通过一个适当的状态反馈控制器从第三步达到输出完全同步。下面设计一个可行的状态反馈控制器。

首先，由式(4.45)和定理 4.1，取

$$\begin{aligned}\gamma_{i_1}&=1,\ i_1=17,19,21,23\\\gamma_{i_2}&=2,\ i_2=1,3,5,7\end{aligned}\tag{4.47}$$

然后，确定控制矩阵 $\boldsymbol{K}$ 的其他列向量。根据定理 4.1，有

$$\begin{gathered}E_1(\Theta)\setminus\Theta=\{P_i \mid i=2,6,9,10,11,13,14,15,18,22,25,26,27,29,30,31\}\\\gamma_{i_1}=1,\ i_1=18,22,25,26,27,29,30,31\\\gamma_{i_2}=2,\ i_2=2,6,9,10,11,13,14,15\end{gathered}\tag{4.48}$$

及

$$\begin{gathered}E_2(\Theta)\setminus E_1(\Theta)=\{P_i \mid i=8,16,24,32\}\\\gamma_{i_1}=1,\ i_1=16\\\gamma_{i_2}=2,\ i_2=24,32\\\gamma_{i_3}=3,\ i_3=8\end{gathered}\tag{4.49}$$

及

$$\begin{gathered}E_3(\Theta)\setminus E_2(\Theta)=\{P_i \mid i=4,12,20,28\}\\\gamma_{i_1}=1,\ i_1=12\\\gamma_{i_2}=2,\ i_2=20,28\\\gamma_{i_3}=3,\ i_3=4\end{gathered}\tag{4.50}$$

根据式(4.47)～式(4.50)及定理 4.1，取

$$\begin{aligned}&\mathrm{Col}_{i_1}(\boldsymbol{K})=\boldsymbol{\delta}_4^1,\ i_1=12,16,17,18,19,21,22,23,25,26,27,29,30,31\\&\mathrm{Col}_{i_2}(\boldsymbol{K})=\boldsymbol{\delta}_4^2,\ i_2=1,2,3,5,6,7,9,10,11,13,14,15,20,24,28,32\\&\mathrm{Col}_{i_3}(\boldsymbol{K})=\boldsymbol{\delta}_4^3,\ i_3=4,8\end{aligned}\tag{4.51}$$

于是，式(4.51)给出了一个能使系统式(4.33)和式(4.34)达到输出完全同步的状态反馈控制器 $\boldsymbol{u}(t)=\boldsymbol{Kx}(t)$，其中

$$\begin{aligned}\boldsymbol{K}=\boldsymbol{\delta}_4[&2,2,2,3,2,2,2,3,2,2,2,1,2,2,2,1,\\&1,1,1,2,1,1,1,2,1,1,1,2,1,1,1,2]\end{aligned}\tag{4.52}$$

这是控制器的代数形式。利用引理 1.4 和引理 1.5，将上述代数形式的状态反馈控

制器转换为逻辑方程的形式，即

$$\begin{aligned}&\boldsymbol{u}_1(t)=\neg\boldsymbol{x}_1^{(2)}(t)\vee\neg\boldsymbol{x}_2^{(2)}(t)\vee\boldsymbol{x}_2^{(1)}(t)\vee\boldsymbol{x}_3^{(1)}(t)\\&\boldsymbol{u}_2(t)=(\boldsymbol{x}_1^{(2)}(t)\wedge\neg\boldsymbol{x}_2^{(1)}(t)\wedge\boldsymbol{x}_3^{(1)}(t))\vee(\neg\boldsymbol{x}_1^{(2)}(t)\wedge(\boldsymbol{x}_2^{(1)}(t)\vee\boldsymbol{x}_3^{(1)}(t)))\end{aligned}\tag{4.53}$$

定义式(4.33)和式(4.34)的输出汉明距离为 $H(t)=\left|\boldsymbol{y}_1^{(1)}(t)-\boldsymbol{y}_1^{(2)}(t)\right|+\left|\boldsymbol{y}_2^{(1)}(t)-\boldsymbol{y}_2^{(2)}(t)\right|$。当式(4.33)和式(4.34)的初始状态分别取 $\boldsymbol{x}^{(1)}(0)=(1,1,1)^{\mathrm{T}}$ 和 $\boldsymbol{x}^{(2)}(0)=(0,0,1)^{\mathrm{T}}$ 时，由图 4.2 可以发现，在控制器式(4.53)的驱动下，系统式(4.33)和式(4.34)将从第二步就达到输出完全同步。

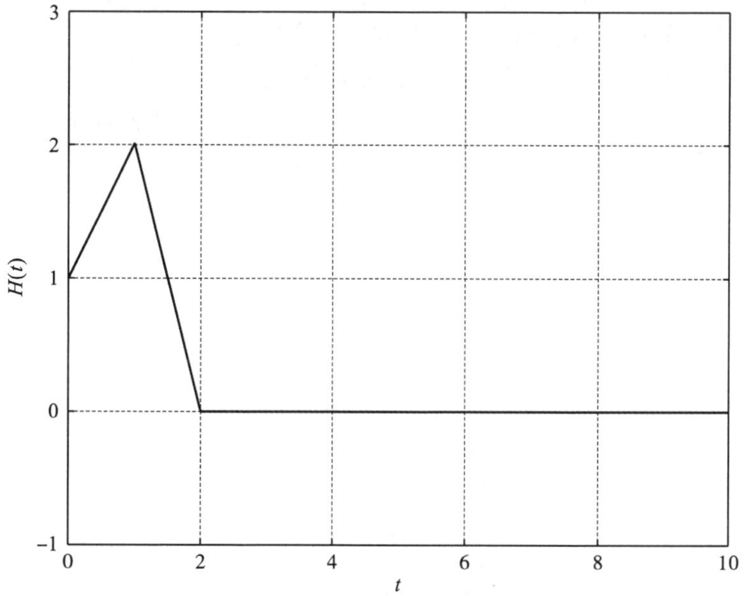

图 4.2　布尔网络式(4.33)和布尔网络式(4.34)分别具有初始状态 $\boldsymbol{x}(0)=(1,\ 1,\ 1)^{\mathrm{T}}$ 和 $\boldsymbol{y}(0)=(0,\ 0,\ 1)^{\mathrm{T}}$ 时关于时间 t 的汉明距离轨迹

【注释4.11】

从例 4.1 可以发现，主系统和从系统的内部节点个数可以不相等。这说明布尔网络的输出同步化问题比文献[72]、文献[74]、文献[79]讨论的状态同步化问题的适用范围更广。

【注释4.12】

利用文献[30]提出的方法考虑上述问题时，由于矩阵方程 $\boldsymbol{G}_2\boldsymbol{\Pi}=\boldsymbol{G}_1$ 对于未知变量 $\boldsymbol{\Pi}$ 无解，所以文献[30]所提供的方法不能解决主-从布尔网络式(4.33)-式(4.34)的同步化问题。和文献[30]提供的方法相比较，本章的设计方法更适合处理布尔网络的同步化问题。

4.5 本章小结

本章推广了第 3 章提出的核心输入-状态极限环的概念，从而可以研究主-从布尔网络的输出同步化问题，继而推出了一些新的结果。首先，在逻辑系统的代数形式下，根据主-从布尔网络的动态方程建立了一个对应的辅助系统。然后，利用辅助系统的核心输入-状态极限环推出了能使原主-从布尔网络输出完全同步的状态反馈控制的存在性条件。该条件是充分必要的且容易检测。同时，当上述控制器的存在性条件得以满足时，本章提供了一个构造性的控制器设计方法。最后，通过一个算例说明本章所得结果的有效性及其优势。

第 3 章和本章所提出的方法主要用于解决维数较小或耦合系统中从网络个数不多的同步化设计问题。当系统维数过大或耦合系统中含有多个带外部输入的从网络时，由于利用 Johnson 算法无法计算核心输入-状态极限环，所以对于这些大系统的同步化问题还有待研究。

第 5 章　周期时变布尔网络状态的完全同步化

前几章研究的都是关于时不变布尔网络（time invariant Boolean networks）间的同步化问题。本章将讨论一类时变布尔网络系统（time variant Boolean networks system）的同步化，即驱动-响应结构下的时变布尔网络的同步化问题，其中驱动系统是一个周期时变布尔网络（periodically time-variant Boolean networks）。对于上述问题，本章将在逻辑系统的代数框架下分两种情形进行讨论。对于每一种情形，本章都将给出一个充分必要的同步化条件，并且提供相应的关于响应布尔网络的同步化设计方案。这些方案能保证所有被设计的响应系统都同步于驱动系统。最后，通过一些例子说明本章所得结果的有效性。

5.1　引　　言

众所周知，现有文献中讨论的逻辑系统同步化问题大部分都是关于时不变布尔网络的同步化。然而，对时变的情形却鲜为关注。时变布尔网络具有许多不同于时不变布尔网络的基本性质。另外，需要注意的是，作为时变布尔网络的一种特殊情形，周期时变布尔网络随处可见，如周期切换系统[45]、具有动力学控制器的布尔控制网络[46]、具有周期函数扰动的布尔网络[54]等。近期，有学者利用半张量积研究了周期时变布尔网络的拓扑结构。例如，文献[81]分析了周期时变布尔网络的吸引子，揭示了极限环中完全不同于时不变布尔网络的特征。本章将主要讨论周期时变布尔网络的同步化问题，并推出了一些有趣的同步化结果，主要成果包括以下几方面。

(1) 本章推出了周期时变布尔网络能达到同步的一个充分必要判据，该判据易于检测和使用。

(2) 本章提供了一个构造性的设计方法，使被设计的响应布尔网络能在有限步内状态完全同步于驱动布尔网络。

本章中 $\mathcal{D}$ 表示集合 $\{0,1\}$；$\mathcal{N}$ 表示非负整数集，即 $\mathcal{N}=\{0,1,2,\cdots\}$；$Z^+$ 表示正整数集，即 $Z^+=\{1,2,3\cdots\}$；$t\%p$ 表示 t/p 的余数；$\mathcal{N}_{[s_1,\ s_2]}$ 表示从 $s_1\sim s_2$ 的整数集合，即 $\mathcal{N}_{[s_1,\ s_2]}=\{s_1,s_1+1,\cdots,s_2\}$；$\mathrm{Col}(\boldsymbol{L})$ 表示矩阵 $\boldsymbol{L}$ 所有列向量构成的集合；$\varepsilon(\boldsymbol{x})$ 表示从 Δ_{2^n} 至 $\{1,2,\ldots,2^n\}$ 的一个双射，满足 $\boldsymbol{x}=\boldsymbol{\delta}_{2^n}^{\varepsilon(\boldsymbol{x})}$。

5.2 问题描述

考虑驱动-响应结构下的周期时变布尔网络系统。驱动系统和响应系统均为具有 n 个节点的布尔网络，其中驱动布尔网络为

$$x_i(t+1)=f_i^{\phi(t)}(x_1(t),\ x_2(t),\dots,\ x_n(t)),\ i=1,2,\cdots,n \tag{5.1}$$

响应布尔网络为

$$y_i(t+1)=g_i^{\phi(t)}(x_1(t),\ x_2(t),\dots,\ x_n(t),\ y_1(t),\ y_2(t),\dots,\ y_n(t)),\ i=1,2,\cdots,n \tag{5.2}$$

其中，$\sigma(t)=t\%p+1$ 为驱动系统的切换信号，是一个周期为 p 的周期函数；$\phi(t):\mathcal{N}\to Z^+$ 为响应系统的切换信号；x_i 和 y_i 分别为驱动布尔网络和响应布尔网络的节点；$f_i^{j_1}:\mathcal{D}^n\to\mathcal{D}$ 和 $g_i^{j_2}:\mathcal{D}^{2n}\to\mathcal{D}$ 为相应的布尔函数。

在逻辑变量的向量形式下，令 $\boldsymbol{x}(t)=\boldsymbol{x}_1(t)\boldsymbol{x}_2(t)\cdots\boldsymbol{x}_n(t)$，$\boldsymbol{y}(t)=\boldsymbol{y}_1(t)\boldsymbol{y}_2(t)\cdots\boldsymbol{y}_n(t)$，则驱动布尔网络式(5.1)和响应布尔网络式(5.2)的代数形式分别为

$$\boldsymbol{x}(t+1)=\boldsymbol{F}_{\sigma(t)}\boldsymbol{x}(t) \tag{5.3}$$

和

$$\boldsymbol{y}(t+1)=\boldsymbol{G}_{\phi(t)}\boldsymbol{x}(t)\boldsymbol{y}(t) \tag{5.4}$$

其中，$\boldsymbol{F}_{\sigma(t)}\in\mathcal{L}_{2^n\times 2^n}$ 和 $\boldsymbol{G}_{\phi(t)}\in\mathcal{L}_{2^n\times 2^{2n}}$ 分别为布尔网络式(5.1)和式(5.2)的结构矩阵。为了表述方便，用 $\boldsymbol{x}(t,\boldsymbol{x}_0)$ 表示系统式(5.3)以 $\boldsymbol{x}_0$ 为初始状态的状态轨迹，$\boldsymbol{y}(t,\boldsymbol{y}_0,\boldsymbol{x}_0)$ 表示系统式(5.4)在驱动信号 $\boldsymbol{x}(t,\boldsymbol{x}_0)$ 下以 $\boldsymbol{y}_0$ 为初始状态的状态轨迹。

类似于前几章的叙述方式，下面主要讨论驱动-响应布尔网络的代数形式，即式(5.3)-式(5.4)下的同步化问题，然后利用引理 1.4 和引理 1.5 将所得结果等价地转化为其相应的逻辑形式。

记矩阵 $\boldsymbol{F}_{\sigma(t)}$ 的列向量依次为 $\boldsymbol{\delta}_{2^n}^{\alpha_1^{\sigma(t)}}$，$\boldsymbol{\delta}_{2^n}^{\alpha_2^{\sigma(t)}},\cdots$，$\boldsymbol{\delta}_{2^n}^{\alpha_{2^n}^{\sigma(t)}}$，矩阵 $\boldsymbol{G}_{\phi(t)}$ 的列向量为 $\boldsymbol{\delta}_{2^n}^{\beta_1^{\phi(t)}}$，$\boldsymbol{\delta}_{2^n}^{\beta_2^{\phi(t)}},\cdots$，$\boldsymbol{\delta}_{2^n}^{\beta_{2^{2n}}^{\phi(t)}}$，即

$$\boldsymbol{F}_{\sigma(t)}=\boldsymbol{\delta}_{2^n}[\alpha_1^{\sigma(t)},\ \alpha_2^{\sigma(t)},\cdots,\ \alpha_{2^n}^{\sigma(t)}] \tag{5.5}$$

$$\boldsymbol{G}_{\phi(t)}=\boldsymbol{\delta}_{2^n}[\beta_1^{\phi(t)},\ \beta_2^{\phi(t)},\cdots,\ \beta_{2^{2n}}^{\phi(t)}] \tag{5.6}$$

下面给出耦合系统式(5.1)-式(5.2)状态完全同步的定义。

【定义 5.1】

如果存在一正整数 K，使得对于所有初始状态 $\boldsymbol{x}(0)$，$\boldsymbol{y}(0)\in\Delta_{2^n}$ 和正整数 $t\geqslant K$，有 $\boldsymbol{x}(t,\ \boldsymbol{x}_0)=\boldsymbol{y}(t,\ \boldsymbol{y}_0,\ \boldsymbol{x}_0)$，那么称驱动-响应布尔网络式(5.3)-式(5.4)[等价于式(5.1)-式(5.2)]能达到状态完全同步。

【注释 5.1】

由式(5.3)可以看出，$\boldsymbol{x}(t+1)$ 依赖于 $\sigma(t)$ 和 $\boldsymbol{x}(t)$。因为 $\sigma(t)$ 是一个周期为 p 的周期函数，所以矩阵 $\boldsymbol{F}_{\sigma(t)}$ 是时变的且有 $\boldsymbol{F}_{\sigma(t+kp)}=\boldsymbol{F}_{\sigma(t)}$ 成立。从而，可能存在两个不同时刻 $t_1>t_2\geqslant 0$，虽然 $\boldsymbol{x}(t_1)=\boldsymbol{x}(t_2)$，但是有

$$\boldsymbol{x}(t_1+1)=\boldsymbol{F}_{\sigma(t_1)}\boldsymbol{x}_1\neq\boldsymbol{F}_{\sigma(t_2)}\boldsymbol{x}_2=\boldsymbol{x}(t_2+1) \tag{5.7}$$

因为布尔网络的同步化问题与吸引子(包括不动点和极限环)密切相关，所以这里有必要介绍周期时变布尔网络的极限环定义。

【定义 5.2】[81]

(1) 如果对于任意 $t\geqslant 0$，有 $\boldsymbol{F}_{\sigma(t)}\boldsymbol{x}_0=\boldsymbol{x}_0$，那么就称状态 $\boldsymbol{x}_0\in\Delta_{2^n}$ 为布尔网络式(5.3)的不动点。

(2) 考虑一序列 $\{\boldsymbol{x}(0),\ \boldsymbol{x}(1),\cdots,\ \boldsymbol{x}(t),\ \boldsymbol{x}(t+1),\cdots\}$。如果满足下面两个条件，即

(a) 对于任意 $t\geqslant 0$，有 $\boldsymbol{x}(t+l)=\boldsymbol{x}(t)$；

(b) 对于任意 $0<T<l$，存在一正整数 $\tilde{t}$，使得 $\boldsymbol{x}(\tilde{t}+T)\neq\boldsymbol{x}(\tilde{t})$，则称该序列 $\{\boldsymbol{x}(0),\ \boldsymbol{x}(1),\cdots,\ \boldsymbol{x}(t),\ \boldsymbol{x}(t+1),\cdots\}$ 为布尔网络式(5.3)中具有长度为 l 的极限环。

本章长度为 l 的周期序列 $\{\boldsymbol{x}(0),\ \boldsymbol{x}(1),\cdots,\ \boldsymbol{x}(t),\ \boldsymbol{x}(t+1),\cdots\}$ 即长度为 l 的极限环，记为

$$\overline{\{\tilde{\boldsymbol{x}}(0),\ \tilde{\boldsymbol{x}}(1),\cdots,\ \tilde{\boldsymbol{x}}(l-1),\ \tilde{\boldsymbol{x}}(l)\}} \tag{5.8}$$

其中，$\tilde{\boldsymbol{x}}(i)=\boldsymbol{x}(i)(i=0,1,\cdots,l)$ 且 $\tilde{\boldsymbol{x}}(0)=\tilde{\boldsymbol{x}}(l)$。此外，对于任意初始状态 $\boldsymbol{x}_0$ 和正整数 t，状态 $\boldsymbol{x}(t,\ \boldsymbol{x}_0)$ 在极限环上当且仅当 $\boldsymbol{x}(t,\ \boldsymbol{x}_0)=\tilde{\boldsymbol{x}}(t\%l)$。

下面给出一个重要引理。

【引理 5.1】

对于周期时变布尔网络式(5.3)，存在一正整数 K，使得对于任意初始状态 $\boldsymbol{x}_0\in\Delta_{2^n}$ 和整数 $t\geqslant K$，状态轨迹 $\boldsymbol{x}(t,\ \boldsymbol{x}_0)$ 一定在网络式(5.3)的某一极限环上。

证明　记 $\boldsymbol{F}=\boldsymbol{F}_{\sigma(p-1)}\boldsymbol{F}_{\sigma(p-2)}\cdots\boldsymbol{F}_{\sigma(0)}$。由网络式(5.3)可以得到一个子系统，即

$$\boldsymbol{x}((t+1)p)=\boldsymbol{F}\boldsymbol{x}(tp) \tag{5.9}$$

现在任取一初始状态 $\boldsymbol{x}(0)\in\Delta_{2^n}$，那么相应的状态轨迹为

$$\{\boldsymbol{x}(0),\ \boldsymbol{x}(p),\cdots,\ \boldsymbol{x}(tp),\cdots\} \tag{5.10}$$

由于状态空间的有限性，所以一定存在两个不同的正整数 t_1 和 t_2 且 $t_2>t_1$，使得 $\boldsymbol{x}(t_1p)=\boldsymbol{x}(t_2p)$。因此，有

$$\{\boldsymbol{x}(t_1p),\ \boldsymbol{x}((t_1+1)p),\cdots,\ \boldsymbol{x}((t_2-1)p),\ \boldsymbol{x}(t_2p)\} \tag{5.11}$$

是子系统式(5.9)的一个极限环。从而，序列

$$\{\boldsymbol{x}(t_1p),\ \boldsymbol{x}(t_1p+1),\cdots,\ \boldsymbol{x}((t_1+1)p),\ \boldsymbol{x}((t_1+1)p+1),\cdots,\ \boldsymbol{x}((t_2-1)p),\ \boldsymbol{x}((t_2-1)p+1),\cdots,\ \boldsymbol{x}(t_2p)\} \tag{5.12}$$

是周期时变布尔网络式(5.3)的极限环。

5.3 主要结果

设周期时变布尔网络式(5.3)有 s 个极限环，即

$$C_i:\overline{\{\tilde{\boldsymbol{x}}_i(0),\ \tilde{\boldsymbol{x}}_i(1),\cdots,\ \tilde{\boldsymbol{x}}_i(l_i)\}},\quad i=1,2,\cdots,s \tag{5.13}$$

相应地，定义集合

$$\varPsi_i=\{\tilde{\boldsymbol{x}}_i(0),\ \tilde{\boldsymbol{x}}_i(1),\cdots,\ \tilde{\boldsymbol{x}}_i(l_i)\},\quad i=1,2,\cdots,s \tag{5.14}$$

进一步，利用式(5.14)定义集合

$$\varTheta=\varPsi_1\cup\varPsi_2\cup\cdots\cup\varPsi_s \tag{5.15}$$

关于周期时变布尔网络式(5.3)的极限环，下面做两点说明。

(1)在同一极限环上的同一状态点在一个周期内可能出现两次及以上。例如，考虑下面这个周期为 2 的周期时变布尔网络

$$\boldsymbol{x}(t+1)=\boldsymbol{F}_{\sigma(t)}\boldsymbol{x}(t) \tag{5.16}$$

其中，$\boldsymbol{F}_1=\boldsymbol{\delta}_2[1,2]$，$\boldsymbol{F}_2=\boldsymbol{\delta}_2[2,1]$。通过计算得到网络式(5.16)的一个极限环为

$$\overline{\{\boldsymbol{\delta}_2^1,\ \boldsymbol{\delta}_2^1,\ \boldsymbol{\delta}_2^2,\ \boldsymbol{\delta}_2^2,\ \boldsymbol{\delta}_2^1\}} \tag{5.17}$$

可以发现，极限环式(5.17)的长度为 4，且状态 $\boldsymbol{\delta}_2^1$ 和 $\boldsymbol{\delta}_2^2$ 在极限环式(5.17)的一个周期内都出现了两次。

(2)同一状态点可能出现在不同的极限环上。例如，考虑系统

$$\boldsymbol{x}(t+1)=\boldsymbol{\delta}_{\sigma(t)}\boldsymbol{x}(t) \tag{5.18}$$

其中，$\boldsymbol{F}_1=\boldsymbol{\delta}_4[2,3,1,2]$，$\boldsymbol{F}_2=\boldsymbol{\delta}_4[2,4,3,1]$。这是一个周期为 2 的周期时变布尔网络。同样地，通过计算可以得到网络式(5.18)的两个极限环

$$\begin{aligned}&C_1:\overline{\{\boldsymbol{\delta}_4^2,\ \boldsymbol{\delta}_4^3,\ \boldsymbol{\delta}_4^3,\ \boldsymbol{\delta}_4^1,\ \boldsymbol{\delta}_4^2\}}\\&C_2:\overline{\{\boldsymbol{\delta}_4^4,\ \boldsymbol{\delta}_4^2,\ \boldsymbol{\delta}_4^4\}}\end{aligned} \tag{5.19}$$

由式(5.19)可以看到，状态点 $\boldsymbol{\delta}_4^2$ 同时在上述极限环 C_1 和 C_2 上。

需要注意的是，上述情形不可能发生在时不变布尔网络的极限环上。因此，周期时变布尔网络具有一些本质上完全不同于时不变布尔网络的性质和特征。

下面定义一个重要集合

$$\begin{aligned}\varTheta'=\{\boldsymbol{x}\in\varTheta:&\text{存在}i_1,\ i_2\in\mathcal{N}_{[1,\ s]}\text{和}j_1\in\mathcal{N}_{[0,\ l_{i_1}-1]},\ j_2\in\mathcal{N}_{[0,\ l_{i_2}-1]},\\&\text{使得虽然有}\tilde{\boldsymbol{x}}_{i_1}(j_1)=\tilde{\boldsymbol{x}}_{i_2}(j_2)=\boldsymbol{x}\text{成立，但}\tilde{\boldsymbol{x}}_{i_1}(j_1+1)\neq\tilde{\boldsymbol{x}}_{i_2}(j_2+1)\}\end{aligned} \tag{5.20}$$

对于系统式(5.16)，$\varTheta'=\Delta_2$。而对于系统式(5.18)，$\varTheta'=\{\boldsymbol{\delta}_4^2,\ \boldsymbol{\delta}_4^3\}$。因此，$\varTheta'$ 并不总是空集。然而，时不变布尔网络作为一种特殊的周期时变布尔网络，其集合 $\varTheta'$ 一定是空集。下面分两种情形讨论驱动-响应布尔网络式(5.3)-式(5.4)的状态完全同步化设计，即设计一个形如式(5.4)的响应布尔网络，使其能同步于给定的

驱动布尔网络式(5.3)。

5.3.1　情形 1: $\Theta' = \varnothing$

因为时不变布尔网络的 Θ' 为空集，所以取时不变布尔网络作为候选响应布尔网络。将式(5.6)重新写为

$$G_{\phi(t)} \equiv G = \delta_{2^n}[\beta_1,\ \beta_2, \cdots,\ \beta_{2^{2n}}] \tag{5.21}$$

于是，候选响应布尔网络的代数形式为

$$y(t+1) = Gx(t)y(t) \tag{5.22}$$

利用式(5.3)和式(5.22)，计算

$$\begin{aligned} x(t+1)y(t+1) &= F_{\sigma(t)}x(t)Gx(t)y(t) \\ &= F_{\sigma(t)}(I_{2^n} \otimes G)x(t)x(t)y(t) \\ &= F_{\sigma(t)}(I_{2^n} \otimes G)\Phi_n x(t)y(t) \\ &= L_{\sigma(t)}x(t)y(t) \end{aligned} \tag{5.23}$$

其中，

$$\begin{aligned} L_{\sigma(t)} &= F_{\sigma(t)}(I_{2^n} \otimes G)\Phi_n \\ &= \delta_{2^{2n}}[(\alpha_1^{\sigma(t)}-1)2^n+\beta_1,(\alpha_1^{\sigma(t)}-1)2^n+\beta_2,\ldots,(\alpha_1^{\sigma(t)}-1)2^n+\beta_{2^n}, \\ &\quad (\alpha_2^{\sigma(t)}-1)2^n+\beta_{2^n+1},(\alpha_2^{\sigma(t)}-1)2^n+\beta_{2^n+2},\ldots,(\alpha_2^{\sigma(t)}-1)2^n+\beta_{2\cdot 2^n},\ldots, \\ &\quad (\alpha_{2^n}^{\sigma(t)}-1)2^n+\beta_{(2^n-1)2^n+1},(\alpha_{2^n}^{\sigma(t)}-1)2^n+\beta_{(2^n-1)2^n+2},\ldots,(\alpha_{2^n}^{\sigma(t)}-1)2^n+\beta_{2^{2n}}] \end{aligned} \tag{5.24}$$

定义集合

$$\Lambda = \{\delta_{2^{2n}}^{r_i} \mid r_i = (i-1)2^n + i,\ \ i = 1,2,\cdots,2^n\} \tag{5.25}$$

下面的引理可以通过验证直接获得。

【引理 5.2】

$x = y$ 当且仅当 $x \ltimes y \in \Lambda$，其中 x，$y \in \Delta_{2^n}$。

下面给出一个判据。该判据可以用于判断时不变布尔网络式(5.22)的状态能否完全同步于驱动网络式(5.3)。

【定理 5.1】

设 $\Theta' = \varnothing$，其中 Θ' 的定义如式(5.20)。则响应布尔网络式(5.22)和驱动布尔网络式(5.3)能达到状态完全同步，当且仅当存在一个非负整数 $k \leqslant 2^{2n}$，使得对于任意 $j \in \mathcal{N}_{[0,\ p-1]}$，有

$$\mathrm{Col}(L_{[kp+j]}) \subseteq \Lambda \tag{5.26}$$

其中，p 为布尔网络式(5.1)的周期；$L_{[t]} = L_{\sigma(t-1)}L_{\sigma(t-2)}\cdots L_{\sigma(0)}$，$L_{[0]} = L_{2^{2n}}$。

证明　(充分性)　由式(5.23)-式(5.24)可以得到

$$\boldsymbol{x}(t)\boldsymbol{y}(t)=\boldsymbol{L}_{[t]}\boldsymbol{x}(0)\boldsymbol{y}(0) \tag{5.27}$$

注意到这样一个事实：对于任意正整数$t\geqslant kp+1$，存在整数$j\in\mathcal{N}_{[0,\ p-1]}$和$k'\in\mathcal{N}$，使得$t=kp+j+k'p$。容易验证$\boldsymbol{L}_{[k'p]}=\overline{\boldsymbol{L}}^{k'}$，其中，$\overline{\boldsymbol{L}}=\boldsymbol{L}_p\boldsymbol{L}_{p-1}\cdots\boldsymbol{L}_1$，$\boldsymbol{L}_{[0]}=\overline{\boldsymbol{L}}^0=\boldsymbol{I}_{2^{2n}}$。于是有

$$\boldsymbol{L}_{[t]}=\boldsymbol{L}_{[kp+j]}\overline{\boldsymbol{L}}^{k'} \tag{5.28}$$

由式(5.26)可知

$$\mathrm{Col}(\boldsymbol{L}_{[kp+j]})\subseteq\Lambda \tag{5.29}$$

因为$\overline{\boldsymbol{L}}'\in\mathcal{L}_{2^n\times2^n}$是一逻辑矩阵，所以根据矩阵乘法的基本性质，可以得到

$$\mathrm{Col}(\boldsymbol{L}_{[t]})\subseteq\Lambda \tag{5.30}$$

从而，对于任意$\boldsymbol{x}(0)$，$\boldsymbol{y}(0)\in\Delta_{2^n}$和$t\geqslant kp+1$，有$\boldsymbol{x}(t)=\boldsymbol{y}(t)$。所以，充分性得以证明。

（必要性） 根据定义 5.1，存在一个正整数K，使得对于任意初始状态$\boldsymbol{x}_0$，$\boldsymbol{y}_0\in\Delta_{2^n}$和正整数$t\geqslant K$，有$\boldsymbol{x}(t，\boldsymbol{x}_0)=\boldsymbol{y}(t，\boldsymbol{y}_0，\boldsymbol{x}_0)$。因此，由式(5.27)和引理5.2得到

$$\mathrm{Col}(\boldsymbol{L}_{[t]})\subseteq\Lambda \tag{5.31}$$

显然，存在一非负整数k，使得$kp\geqslant K$。从而，对于任意$j\in\mathcal{N}_{[0,\ p-1]}$，有

$$\mathrm{Col}(\boldsymbol{L}_{[kp+j]})\subseteq\Lambda \tag{5.32}$$

下面进一步确定k的上界。首先注意到，$\overline{\boldsymbol{L}}\in\mathcal{L}_{2^{2n}\times2^{2n}}$。对于$2^{2n}\times2^{2n}$的逻辑矩阵，总共有$2^{4n}$个且互不相同，所以下面序列中一定存在两个相同的矩阵，即

$$\overline{\boldsymbol{L}}^0,\overline{\boldsymbol{L}},\cdots,\overline{\boldsymbol{L}}^{2^{4n}} \tag{5.33}$$

令

$$k=\min\left\{i|\overline{\boldsymbol{L}}^i\in\left\{\overline{\boldsymbol{L}}^{i+1},\overline{\boldsymbol{L}}^{i+2},\cdots,\overline{\boldsymbol{L}}^{2^{4n}}\right\},0\leqslant i\leqslant2^{4n}\right\} \tag{5.34}$$

则根据文献[80]的定理 V.8 可知，定义在式(5.34)的k等于下面系统

$$z(t+1)=\overline{\boldsymbol{L}}z(t) \tag{5.35}$$

的过渡周期T_t，即系统式(5.35)的初始状态全部进入吸引集的最少步数。又由于$T_t\leqslant2^{2n}$，所以$k\leqslant2^{2n}$。

下面证明k满足式(5.26)。由式(5.34)可以保证，一定存在足够大的正整数r，使得$rp\geqslant K$且

$$\overline{\boldsymbol{L}}^r=\overline{\boldsymbol{L}}^k \tag{5.36}$$

从而，由式(5.31)和式(5.36)推出

$$\mathrm{Col}(\boldsymbol{L}_{[kp]})=\mathrm{Col}(\overline{\boldsymbol{L}}^k)=\mathrm{Col}(\overline{\boldsymbol{L}}^r)=\mathrm{Col}(\boldsymbol{L}_{[rp]})\subseteq\Lambda \tag{5.37}$$

进而，对于任意 $j\in\mathcal{N}_{[0,\ p-1]}$，有

$$\mathrm{Col}(\boldsymbol{L}_{[kp+j]})=\mathrm{Col}(\boldsymbol{L}_{[j]})\bar{\boldsymbol{L}}^{k}=\mathrm{Col}(\boldsymbol{L}_{[j]})\bar{\boldsymbol{L}}^{r}=\mathrm{Col}(\boldsymbol{L}_{[rp+j]})\subseteq\Lambda \tag{5.38}$$

现在针对情形 1 提供一个设计响应布尔网络的方法，该方法可以保证被设计的响应布尔网络一定能够状态完全同步于给定的驱动布尔网络。

【定理 5.2】

设 $\Theta'=\varnothing$，其中 Θ' 定义如式(5.20)。如果式(5.21)中的 G 满足

$$\beta_{(\varepsilon(\tilde{x}_i(j))-1)2^n+k}=\varepsilon(\tilde{\boldsymbol{x}}_i(j+1)),\ k=1,\cdots,2^n,\ i=1,\cdots,\ s,\ j=0,1,\cdots,\ l_i-1 \tag{5.39}$$

则响应布尔网络式(5.22)的状态能完全同步于驱动布尔网络式(5.3)。

证明　根据引理(5.1)，存在一个正整数 K，使得对于任意初始状态 $\boldsymbol{x}_0\in\Delta_{2^n}$ 和整数 $t\geqslant K$，状态轨迹 $\boldsymbol{x}(t,\ x_0)$ 一定在布尔网络式(5.3)的一个极限环上。不失一般性，设 $\boldsymbol{x}(t)=\tilde{\boldsymbol{x}}_i(j)$。对于任意初始状态 $\boldsymbol{y}_0\in\Delta_{2^n}$，由方程式(5.22)可以确定

$$\boldsymbol{y}(t+1)\in\{\boldsymbol{\delta}_{2^n}^{r}\mid r=\beta_{(\varepsilon(\tilde{x}_i(j))-1)2^n+k},\ k=1,2,\cdots,2^n\}$$

因此，条件式(5.39)保证了 $\boldsymbol{y}(t+1)=\tilde{\boldsymbol{x}}_i(j+1)=\boldsymbol{x}(t+1)$，即布尔网络式(5.22)的状态能完全同步于驱动布尔网络式(5.3)。

5.3.2　情形 2: $\boldsymbol{\Theta}'\neq\varnothing$

为了叙述另一个主定理，这里先给出一个引理。

【引理 5.3】

设 $\Theta'\neq\varnothing$，其中 Θ' 定义如式(5.20)。此时，不可能存在一个状态能完全同步于式(5.3)的时不变布尔网络。

证明　(采用反证法证明）假设存在一个形如式(5.22)的时不变布尔网络的状态能完全同步于驱动布尔网络式(5.3)。根据定义 5.1，存在一正整数 K，使得对于所有初始状态 $\boldsymbol{x}_0,\ \boldsymbol{y}_0\in\Delta_{2^n}$ 和正整数 $t\geqslant K$，有 $\boldsymbol{x}(t,\ \boldsymbol{x}_0)=\boldsymbol{y}(t,\ \boldsymbol{y}_0,\ \boldsymbol{x}_0)$。因为 $\Theta'\neq\varnothing$，所以存在一状态 $\boldsymbol{x}_t\in\Theta$ 和整数 $i_1,\ i_2\in\mathcal{N}_{[1,\ s]},\ j_1\in\mathcal{N}_{[0,\ l_{i_1}-1]},\ j_2\in\mathcal{N}_{[0,\ l_{i_2}-1]}$，使得 $\tilde{\boldsymbol{x}}_{i_1}(j_1)=\tilde{\boldsymbol{x}}_{i_2}(j_2)=\boldsymbol{x}_t$ 且

$$\tilde{\boldsymbol{x}}_{i_1}(j_1+1)\neq\tilde{\boldsymbol{x}}_{i_2}(j_2+1) \tag{5.40}$$

然而由方程(5.22)可知，

$$\begin{aligned}\boldsymbol{y}(j_1+1)&=\boldsymbol{G}\boldsymbol{x}(j_1)\boldsymbol{y}(j_1)\\&=\boldsymbol{G}\boldsymbol{x}(j_2)\boldsymbol{y}(j_2)\\&=\boldsymbol{y}(j_2+1)\end{aligned} \tag{5.41}$$

注意到 $\boldsymbol{x}(j_1+1)=\boldsymbol{y}(j_1+1),\ \boldsymbol{x}(j_2+1)=\boldsymbol{y}(j_2+1)$。这和式(5.40)与式(5.41)两式

矛盾，证明完成。

引理 5.3 说明当周期时变驱动布尔网络的$\Theta' \neq \varnothing$时，只有时变布尔网络才有可能与之同步。这里方程式(5.3)～式(5.6)的计算如下：

$$\begin{aligned}\boldsymbol{x}(t+1)\boldsymbol{y}(t+1) &= \boldsymbol{F}_{\sigma(t)}\boldsymbol{x}(t)\boldsymbol{G}_{\phi(t)}\boldsymbol{x}(t)\boldsymbol{y}(t)\\ &= \boldsymbol{F}_{\sigma(t)}(\boldsymbol{I}_{2^n}\otimes \boldsymbol{G}_{\phi(t)})\boldsymbol{x}(t)\boldsymbol{x}(t)\boldsymbol{y}(t)\\ &= \boldsymbol{F}_{\sigma(t)}(\boldsymbol{I}_{2^n}\otimes \boldsymbol{G}_{\phi(t)})\Phi_n\boldsymbol{x}(t)\boldsymbol{y}(t)\\ &= \boldsymbol{H}_{\varphi(t)}\boldsymbol{x}(t)\boldsymbol{y}(t)\end{aligned} \tag{5.42}$$

其中，

$$\begin{aligned}\boldsymbol{H}_{\varphi(t)} &= \boldsymbol{F}_{\sigma(t)}(\boldsymbol{I}_{2^n}\otimes \boldsymbol{G}_{\phi(t)})\Phi_n\\ &= \boldsymbol{\delta}_{2^{2n}}[(\alpha_1^{\sigma(t)}-1)2^n+\beta_1^{\phi(t)},(\alpha_1^{\sigma(t)}-1)2^n+\beta_2^{\phi(t)},\cdots,(\alpha_1^{\sigma(t)}-1)2^n+\beta_{2^n}^{\phi(t)},\\ &\quad (\alpha_2^{\sigma(t)}-1)2^n+\beta_{2^n+1}^{\phi(t)},(\alpha_2^{\sigma(t)}-1)2^n+\beta_{2^n+2}^{\phi(t)},\cdots,(\alpha_2^{\sigma(t)}-1)2^n+\beta_{2\cdot 2^n}^{\phi(t)},\ldots,\\ &\quad (\alpha_{2^n}^{\sigma(t)}-1)2^n+\beta_{(2^n-1)2^n+1}^{\phi(t)},(\alpha_{2^n}^{\sigma(t)}-1)2^n+\beta_{(2^n-1)2^n+2}^{\phi(t)},\ldots,\\ &\quad (\alpha_{2^n}^{\sigma(t)}-1)2^n+\beta_{2^{2n}}^{\phi(t)}]\end{aligned} \tag{5.43}$$

如果$\phi(t)$不是周期函数，那么$\Theta'_{\varphi(t)}$可能不是周期时变的。在这种情况下，$\boldsymbol{L}_{\varphi(t)}$将变得非常复杂，因此很难得到一个普适的结论。基于这一事实，本章仅考虑$\phi(t)$为周期函数的情形。在下面的讨论中，总设$\phi(t)=t\%q+1$，其中，q为$\phi(t)$的周期。

当$\Theta' \neq \varnothing$时，在网络式(5.3)的环上存在$\tilde{\boldsymbol{x}}_{i_1}(j_1)$和$\tilde{\boldsymbol{x}}_{i_2}(j_2)$，使得虽然有$\tilde{\boldsymbol{x}}_{i_1}(j_1)=\tilde{\boldsymbol{x}}_{i_2}(j_2)$成立，但$\tilde{\boldsymbol{x}}_{i_1}(j_1+1)\neq\tilde{\boldsymbol{x}}_{i_2}(j_2+1)$。因此，$\sigma(j_1)\neq\sigma(j_2)$。容易看到，在布尔网络系统式(5.3)-式(5.4)的状态能完全同步的前提下，$\sigma(j_1)\neq\sigma(j_2)$蕴含了$\phi(j_1)\neq\phi(j_2)$。换言之，$j_1\%p\neq j_2\%p$蕴含了$j_1\%q\neq j_2\%q$。此时，利用辗转相除法可以证明$q=mp$，其中$m\in Z^+$。所以，$\phi(t)=t\%(mp)+1$。于是，可以采用和定理 5.1 相似的方法证明情形 2 的同步化判据。

【定理 5.3】

设$\Theta'\neq\varnothing$，其中Θ'定义如式(5.20)。则响应布尔网络式(5.4)和驱动布尔网络式(5.3)能达到状态完全同步，当且仅当存在一个非负整数$k\leqslant 2^{2n}$，使得对于任意$j\in\mathcal{N}_{[0,\ p-1]}$，有

$$\mathrm{Col}(\boldsymbol{H}_{[kmp+j]})\subseteq\Lambda \tag{5.44}$$

其中，p和mp分别为$\sigma(t)$和$\phi(t)$的周期；$\boldsymbol{H}_{[t]}=\boldsymbol{H}_{\phi(t-1)}\boldsymbol{H}_{\phi(t-2)}\cdots\boldsymbol{H}_{\phi(0)}$，$\boldsymbol{H}_{[0]}=\boldsymbol{I}_{2^{2n}}$。

同样地，对于情形 2，可以采用和定理 5.2 相似的证明方法给出响应布尔网络的一个设计方案。

【定理 5.4】

设$\Theta' \neq \varnothing$，其中Θ'定义如式(5.20)。如果式(5.4)中的$G_{\phi(t)}$满足

$$\beta^{\phi(j+gp)}_{(\varepsilon(\tilde{x}_i(j))-1)2^n+k} = \varepsilon(\tilde{x}_i(j+1)),\ k=1,2,\cdots,2^n,\ i=1,2,\cdots,\ s,\ j=0,1,\cdots,\ l_i-1,$$
$$g=0,1,\cdots,\ m-1 \tag{5.45}$$

则响应布尔网络式(5.4)的状态能完全同步于驱动布尔网络式(5.3)。

【注释 5.2】

由定理 5.2 和定理 5.4 可以看出，不管周期为p的周期时变布尔网络式(5.3)属于哪一种情形，一定存在一个周期为mp的周期时变布尔网络与之同步，其中$m \in \{1,2,\cdots\}$。

5.4　例　　子

5.4.1　情形 1

考虑如下驱动系统：

$$\begin{aligned} \boldsymbol{x}_1(t+1) &= \begin{cases} \neg \boldsymbol{x}_1(t) \wedge \boldsymbol{x}_2(t), & \text{当}\sigma(t)=1\text{时} \\ \boldsymbol{x}_1(t) \vee \boldsymbol{x}_2(t), & \text{当}\sigma(t)=2\text{时} \end{cases} \\ \boldsymbol{x}_2(t+1) &= \begin{cases} \boldsymbol{x}_1(t) \leftrightarrow \boldsymbol{x}_2(t), & \text{当}\sigma(t)=1\text{时} \\ \neg(\boldsymbol{x}_1(t) \leftrightarrow \boldsymbol{x}_2(t)), & \text{当}\sigma(t)=2\text{时} \end{cases} \end{aligned} \tag{5.46}$$

这是一个周期为 2 的周期时变布尔网络。现在需要设计一个响应系统，并保证该系统能与驱动系统式(5.46)达到状态完全同步。

下面采用定理 5.2 来设计响应系统。首先，在逻辑变量的向量形式下，令$\boldsymbol{x}(t)=\boldsymbol{x}_1(t)\boldsymbol{x}_2(t)\in\Delta_4$。利用引理 1.1 计算系统式(5.46)的代数形式为式(5.3)，其中，$\boldsymbol{F}_1=\boldsymbol{\delta}_4[3,4,2,3]$，$\boldsymbol{F}_2=\boldsymbol{\delta}_4[2,1,1,4]$。布尔网络式(5.3)只有一个极限环$C:\{\overline{\boldsymbol{\delta}_4^1,\ \boldsymbol{\delta}_4^3,\ \boldsymbol{\delta}_4^1}\}$。根据定理 5.2，取

$$\beta_1=\beta_2=\beta_3=\beta_4=3$$
$$\beta_9=\beta_{10}=\beta_{11}=\beta_{12}=1$$

而β_5、β_6、β_7、β_8、β_{13}、β_{14}、β_{15}、β_{16}可以任意选取。例如，取$\beta_5=\beta_7=1$，$\beta_6=\beta_8=4$，$\beta_{13}=\beta_{15}=2$，$\beta_{14}=\beta_{16}=3$。因此，响应布尔网络的代数形式为式(5.22)，其中结构矩阵为

$$\boldsymbol{G}=\delta_4[3,3,3,3,1,4,1,4,1,1,1,1,2,3,2,3]$$

利用引理 1.4 和引理 1.5 将上述代数形式转换为其逻辑方程形式，即

$$\boldsymbol{y}_1(t+1)=(\neg\boldsymbol{x}_1(t)\wedge\boldsymbol{x}_2(t))\vee(\neg\boldsymbol{x}_2(t)\wedge\boldsymbol{y}_2(t))$$

$$y_2(t+1)=\boldsymbol{x}_2(t)\vee(\boldsymbol{x}_1(t)\leftrightarrow y_2(t))$$

任取驱动系统和响应系统的初始状态，如 $\boldsymbol{x}_0=(1,0)^{\mathrm{T}}$ 和 $\boldsymbol{y}_0=(0,0)^{\mathrm{T}}$，则驱动系统式(5.46)和响应系统式(5.22)的汉明距离函数为 $H(t)=\left|\boldsymbol{x}_1(t,\ \boldsymbol{x}_0)-\boldsymbol{y}_1(t,\ \boldsymbol{y}_0)\right|+\left|\boldsymbol{x}_2(t,\ \boldsymbol{x}_0)-\boldsymbol{y}_2(t,\ \boldsymbol{y}_0)\right|$。从图 5.1 中可以看出，这两个布尔网络从第 4 步开始达到状态完全同步。

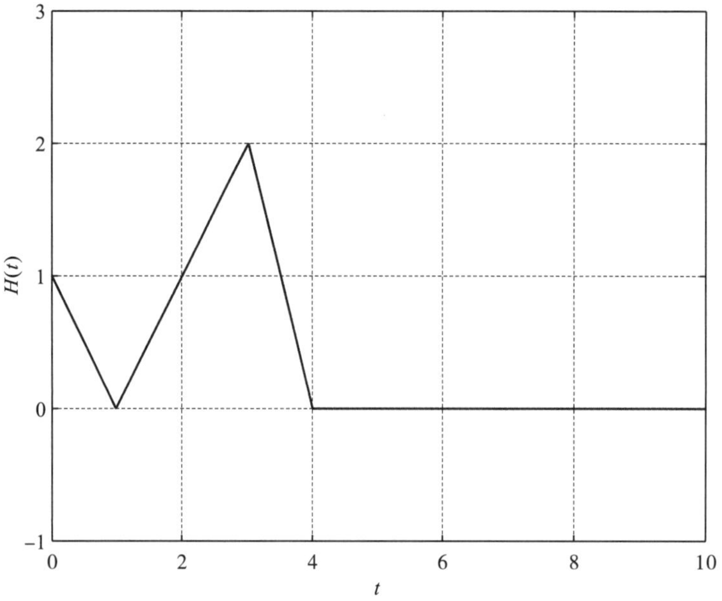

图 5.1　驱动系统式(5.46)和响应系统式(5.22)分别具有初始状态 $\boldsymbol{x}(0)=(1,\ 0)^{\mathrm{T}}$ 和 $\boldsymbol{y}(0)=(0,\ 0)^{\mathrm{T}}$ 时关于时间 t 的汉明距离轨迹

5.4.2　情形 2

考虑如下周期为 2 的周期时变布尔网络：

$$\begin{aligned}\boldsymbol{x}_1(t+1)&=\begin{cases}\boldsymbol{x}_2(t), & \text{当}\sigma(t)=1\text{时}\\ \neg\boldsymbol{x}_1(t)\vee\boldsymbol{x}_2(t), & \text{当}\sigma(t)=2\text{时}\end{cases}\\ \boldsymbol{x}_1(t+1)&=\begin{cases}\boldsymbol{x}_1(t)\leftrightarrow\boldsymbol{x}_2(t), & \text{当}\sigma(t)=1\text{时}\\ \neg(\boldsymbol{x}_1(t)\leftrightarrow\boldsymbol{x}_2(t)), & \text{当}\sigma(t)=2\text{时}\end{cases}\end{aligned}\qquad(5.47)$$

要求设计一个响应布尔网络，使得该网络的状态能完全同步于系统式(5.47)。

容易计算

$$\boldsymbol{F}_1=\boldsymbol{\delta}_4[1,4,2,3],\ \ \boldsymbol{F}_2=\boldsymbol{\delta}_4[2,3,1,2],\ \ p=2$$

该网络有两个极限环，即

$$C_1: \overline{\{\delta_4^2,\ \delta_4^4,\ \delta_4^2\}}$$

$$C_2: \overline{\{\delta_4^3,\ \delta_4^2,\ \delta_4^3\}}$$

(1) 当响应布尔网络的周期为 $q = p = 2$ 时。按照定理 5.4，取

$$\beta_5^1 = \beta_6^1 = \beta_7^1 = \beta_8^1 = 4$$

$$\beta_9^1 = \beta_{10}^1 = \beta_{11}^1 = \beta_{12}^1 = 2$$

$$\beta_5^2 = \beta_6^2 = \beta_7^2 = \beta_8^2 = 3$$

$$\beta_{13}^2 = \beta_{14}^2 = \beta_{15}^2 = \beta_{16}^2 = 2$$

而 β_1^1、β_2^1、β_3^1、β_4^1、β_{13}^1、β_{14}^1、β_{15}^1、β_{16}^1、β_1^2、β_2^2、β_3^2、β_4^2、β_9^2、β_{10}^2、β_{11}^2、β_{12}^2 可以在 {1，2，3，4}内任意选取。例如，取

$$\beta_1^1 = \beta_2^1 = \beta_1^2 = \beta_2^2 = 1$$

$$\beta_3^1 = \beta_4^1 = \beta_9^2 = \beta_{10}^2 = 2$$

$$\beta_{13}^1 = \beta_{14}^1 = \beta_3^2 = \beta_4^2 = 3$$

$$\beta_{15}^1 = \beta_{16}^1 = \beta_{11}^2 = \beta_{12}^2 = 4$$

于是，得到响应布尔网络的代数形式为式(5.4)，其结构矩阵为

$$\boldsymbol{G}_1 = \delta_4[1,1,2,2,4,4,4,4,2,2,2,2,3,3,4,4]$$

$$\boldsymbol{G}_2 = \delta_4[1,1,3,3,3,3,3,3,2,2,4,4,2,2,2,2]$$

将上述响应布尔网络的代数形式转化为其逻辑方程形式：

$$\boldsymbol{y}_1(t+1) = \begin{cases} \boldsymbol{x}_2(t), & \text{当}\sigma(t) = 1\text{时} \\ (\neg \boldsymbol{x}_1(t) \wedge \neg \boldsymbol{x}_2(t)) \vee (\boldsymbol{x}_2(t) \wedge \boldsymbol{y}_1(t)), & \text{当}\sigma(t) = 2\text{时} \end{cases}$$

$$\boldsymbol{y}_2(t+1) = \begin{cases} (\boldsymbol{x}_1(t) \leftrightarrow \boldsymbol{x}_2(t)) \wedge \boldsymbol{y}_1(t), & \text{当}\sigma(t) = 1\text{时} \\ \boldsymbol{x}_1(t), & \text{当}\sigma(t) = 2\text{时} \end{cases} \tag{5.48}$$

图 5.2 给出了驱动系统和响应系统分别取初始状态为 $\boldsymbol{x}_0 = (0,0)^{\mathrm{T}}$ 和 $\boldsymbol{y}_0 = (0,1)^{\mathrm{T}}$ 时的汉明距离轨迹。从图 5.2 中可以看出，这两个布尔网络从第 5 步开始达到状态完全同步。

(2) 当响应布尔网络的周期为 $q = 2p = 4$ 时。按照定理 5.4，取

$$\beta_5^1 = \beta_6^1 = \beta_7^1 = \beta_8^1 = 4$$

$$\beta_9^1 = \beta_{10}^1 = \beta_{11}^1 = \beta_{12}^1 = 2$$

$$\beta_5^2 = \beta_6^2 = \beta_7^2 = \beta_8^2 = 3$$

$$\beta_{13}^2 = \beta_{14}^2 = \beta_{15}^2 = \beta_{16}^2 = 2$$

$$\beta_5^3 = \beta_6^3 = \beta_7^3 = \beta_8^3 = 4$$

$$\beta_9^3 = \beta_{10}^3 = \beta_{11}^3 = \beta_{12}^3 = 2$$

$$\beta_5^4 = \beta_6^4 = \beta_7^4 = \beta_8^4 = 3$$

$$\beta_{13}^4 = \beta_{14}^4 = \beta_{15}^4 = \beta_{16}^2 = 2$$

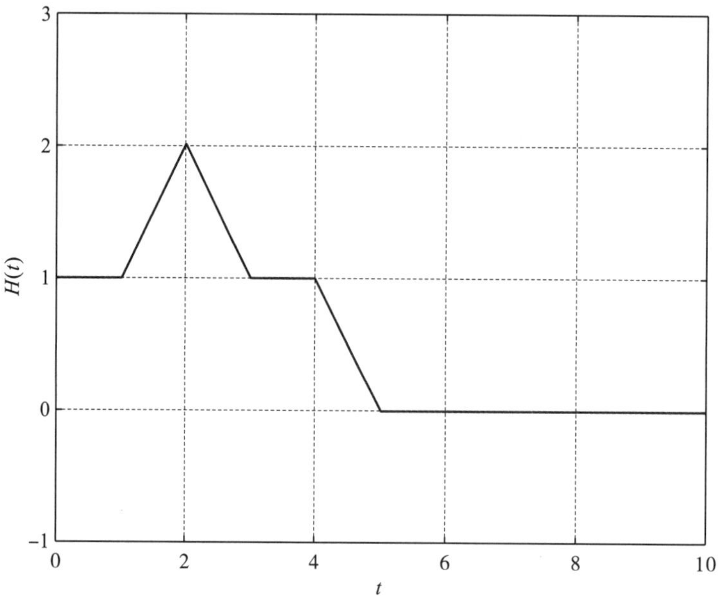

图 5.2 驱动系统式(5.47)和响应系统式(5.48)分别具有初始状态 $\boldsymbol{x}(0)=(0,0)^{\mathrm{T}}$ 和 $\boldsymbol{y}(0)=(0,1)^{\mathrm{T}}$ 时关于时间 t 的汉明距离轨迹

而 β_1^1、β_2^1、β_3^1、β_4^1、β_{13}^1、β_{14}^1、β_{15}^1、β_{16}^1、β_1^2、β_2^2、β_3^2、β_4^2、β_9^2、β_{10}^2、β_{11}^2、β_{12}^2、β_1^3、β_2^3、β_3^3、β_4^3、β_{13}^3、β_{14}^3、β_{15}^3、β_{16}^3、β_1^4、β_2^4、β_3^4、β_4^4、β_9^4、β_{10}^4、β_{11}^4、β_{12}^4 可以在{1，2，3，4}中任意选取。例如，取

$$\beta_1^1=\beta_2^1=\beta_1^2=\beta_2^2=\beta_3^3=\beta_4^3=\beta_3^4=\beta_4^4=1$$
$$\beta_3^1=\beta_4^1=\beta_9^2=\beta_{10}^2=\beta_1^3=\beta_2^3=\beta_1^4=\beta_2^4=2$$
$$\beta_{13}^1=\beta_{14}^1=\beta_3^2=\beta_4^2=\beta_{15}^3=\beta_{16}^3=\beta_{11}^4=\beta_{12}^4=3$$
$$\beta_{15}^1=\beta_{16}^1=\beta_{11}^2=\beta_{12}^2=\beta_{13}^3=\beta_{14}^3=\beta_9^4=\beta_{10}^4=4$$

于是，得到响应布尔网络的代数形式为式(5.4)，其结构矩阵为

$$\boldsymbol{G}_1=\delta_4[1,1,2,2,4,4,4,4,2,2,2,2,3,3,4,4]$$
$$\boldsymbol{G}_2=\delta_4[1,1,3,3,3,3,3,3,2,2,4,4,2,2,2,2]$$
$$\boldsymbol{G}_3=\delta_4[2,2,1,1,4,4,4,4,2,2,2,2,4,4,3,3]$$
$$\boldsymbol{G}_4=\delta_4[2,2,1,1,3,3,3,3,4,4,3,3,2,2,2,2]$$

从而，响应布尔网络的逻辑方程为

$$\boldsymbol{y}_1(t+1)=\begin{cases}\boldsymbol{x}_2(t), & \text{当}\sigma(t)=1\\(\neg\boldsymbol{x}_1(t)\wedge\neg\boldsymbol{x}_2(t))\vee(\boldsymbol{x}_2(t)\wedge\boldsymbol{y}_1(t)), & \text{当}\sigma(t)=2\\\boldsymbol{x}_2(t), & \text{当}\sigma(t)=3\\\boldsymbol{x}_1(t)\leftrightarrow\boldsymbol{x}_2(t), & \text{当}\sigma(t)=4\end{cases}$$

$$
y_2(t+1)=\begin{cases}(\boldsymbol{x}_1(t)\leftrightarrow \boldsymbol{x}_2(t))\wedge y_1(t), & 当\sigma(t)=1\\ \boldsymbol{x}_1(t), & 当\sigma(t)=2\\ (\boldsymbol{x}_1(t)\leftrightarrow \boldsymbol{x}_2(t))\wedge \neg y_1(t), & 当\sigma(t)=3\\ (\boldsymbol{x}_1(t)\wedge \neg \boldsymbol{x}_2(t))\vee(\boldsymbol{x}_2(t)\wedge \neg y_1(t)), & 当\sigma(t)=4\end{cases} \tag{5.49}
$$

图 5.3 给出了驱动系统和响应系统取初始状态分别为 $\boldsymbol{x}_0=(0,0)^{\mathrm{T}}$ 和 $\boldsymbol{y}_0=(0,1)^{\mathrm{T}}$ 时的汉明距离轨迹。从图 5.3 中可以看出，这两个布尔网络从第 3 步开始达到状态完全同步。

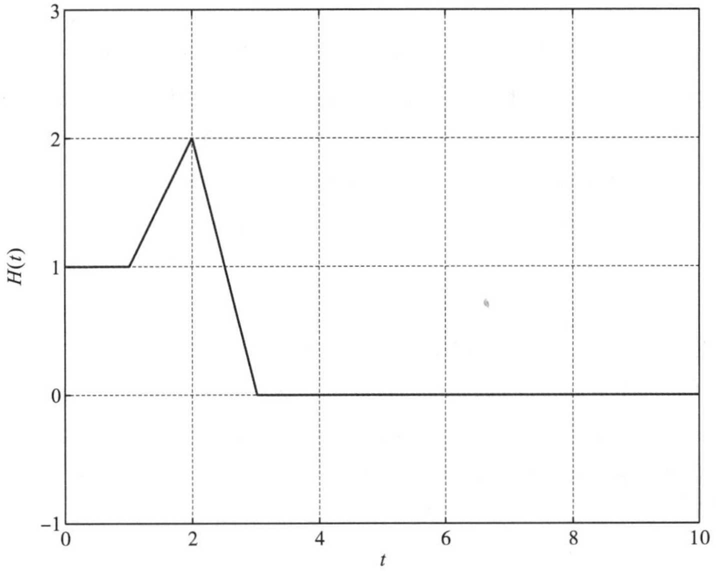

图 5.3　驱动系统式(5.47)和响应系统式(5.49)分别具有初始状态 $\boldsymbol{x}(0)=(0,0)^{\mathrm{T}}$ 和 $\boldsymbol{y}(0)=(0,1)^{\mathrm{T}}$ 时关于时间 t 的汉明距离轨迹

5.5　本 章 小 结

本章讨论了在驱动-响应结构下耦合布尔网络的状态完全同步化问题，其中驱动系统是周期时变布尔网络。因为驱动-响应布尔网络的同步化与驱动布尔网络的极限环密切相关，又由于周期时变驱动布尔网络的极限环具有不同于时不变布尔网络的特征，它相对比较复杂，所以本章分两种情形进行讨论。针对每一种情形，都给出了状态完全同步的一个充分必要判据。进一步，对于给定的周期时变驱动布尔网络，本章给出了一种构造性方法用于设计响应布尔网络，从而使这些被设计的响应布尔网络的状态能完全同步于驱动系统。最后，通过一些算例说明本章所得结论的有效性。

第 6 章　基于反向转移法对 k-值逻辑控制网络的稳定化

前几章研究了布尔网络系统的同步化问题(synchronization problem of Boolean networks)。当目标系统取作一给定常数信号时，布尔网络的同步化问题将退化为布尔网络的跟踪问题(tracing problem of Boolean networks)或稳定化问题(stabilization problem of Boolean control networks)。本章将介绍 k-值逻辑控制网络的稳定化(stabilization of k-valued logical control networks)，控制方式包括开环控制(open-loop control)和闭环控制(closed-loop control)。主要内容包括两部分。

(1)针对 k-值逻辑控制网络的开环稳定化和闭环稳定化分别给出了充分必要的稳定化条件。通过分析发现，这些条件明显优于现有的一些相关结果。

(2)基于上述条件提出一些求解 k-值逻辑控制网络稳定化问题的相应算法，其中开环控制稳定化算法明显减少了现有方法的计算量。其根本原因是在搜索可能的稳定化控制序列时，现有的普遍方法必须对每一种可能的控制路径进行检测，而本章提出的方法尽早地排除了“无用”路径。最后，通过一个实际例子验证了本章所得结果的有效性和优势。

6.1 引　　言

众所周知，系统的稳定性和稳定化问题是同步问题的一种特殊情况，也是控制领域的基本问题[82-88]，所以 k-值逻辑控制网络的稳定性和稳定化同样重要。首先，k-值逻辑控制网络在很多领域备受关注[89-92]。当 $k=2$ 时，k-值逻辑控制网络即布尔控制网络。其次，k-值逻辑控制网络的稳定化研究是有意义的，其具有生物或医疗背景，如哺乳动物细胞周期网络的约束干预[46,93]、干预治疗策略的分析和设计[19,46]。因此，k-值逻辑控制网络的稳定性和稳定化问题同样备受青睐。目前，针对逻辑控制网络的稳定性和稳定化研究，国内外学者已经获得了许多优秀成果[18-20,71,94-101]，其中采用的控制方式包括开环控制和闭环控制。

在开环控制方面，程代展等首先提出了在共同输入序列下对布尔控制网络的等价全局稳定化条件[18]。显然，这种控制模式是一种特殊的开环控制方式。文献[71]考虑了多值逻辑控制网络的一般开环控制，并且给出了一个等价的全局稳定化条件。然而，这个结果实际上既不充分也非必要。此外，文献[62]还给出了开环控制的局部稳定化条件。但可惜的是，仍然有反例可以说明这一结果只是充分而非必要。因此，到目前为止，文献中还没有任何关于 k-值逻辑控制网络的开环稳定化的充分必要条件。另外，前面已经提到，已经有学者利用半张量积方法得到了许多关于逻辑动态网络的优秀成果。似乎半张量积方法是用来处理逻辑系统的一个完美方法，其实不然。半张量积最大的局限性是随系统维数的增加,其相关计算量呈指数增长[102]。如何尽可能地减少因采用半张量积方法而带来的计算量是非常有意义的研究课题。在这方面，程代展等将度量分析方法和逻辑坐标变换方法相结合给出了一些其他的全局稳定化条件。但是这些条件也只是充分而非必要的。所以直至目前，对 k-值逻辑控制网络的开环稳定化研究仍然具有挑战性。

在闭环控制方面，文献[19]研究了布尔控制网络的稳定化问题，提出了一个设计全局状态反馈镇定器的有效方法。文献[20]在上述方法的基础上给出了一个设计全局输出反馈镇定器的有效方案。值得指出的是，现有的大部分稳定化结果都是关于全局稳定的。然而，在一些实际情形下，并不总是要求系统的全局稳定化。换言之，只要能把系统稳定在我们感兴趣的范围内，足矣！例如，在考虑基因治疗时，研究人员关心的只是基金调控网络是否能从一个不健康的状态驱动至健康状态。所以，研究逻辑系统的局部稳定化也是非常有意义的。在这方面，虽然文献[71]已经给出了一些多值逻辑控制网络的局部稳定化判据，但是这些判据具有一定的特殊性。另外，在文献[71]中没有提供稳定化的设计方法。在此背景下，作者在文献[103]和文献[104]中提出了一个全新的研究逻辑控制网络稳定化的方法，并推出了一些新的结果。现将这部分内容进行重新整理，作为本章主要内容。本章中，$\mathcal{D}_k$ 表示集合 $\{\frac{i}{k-1} \mid i=0,1,\cdots,k-1\}$；$\Delta_n$ 表示 n 维向量集合 $\{\delta_n^i \mid i=1,2,\cdots,n\}$；$\delta_n[i_1,\cdots,i_s]:=[\delta_n^{i_1},\cdots,\delta_n^{i_s}]$ 表示逻辑矩阵；$\mathcal{L}_{m\times n}$ 表示所有 $m\times n$ 逻辑矩阵构成的集合；$\mathrm{Row}_i(\boldsymbol{L})$ 和 $\mathrm{Col}_i(\boldsymbol{L})$ 分别表示矩阵 $\boldsymbol{L}$ 的第 i 行和第 i 列；$\boldsymbol{X}\leqslant(\geqslant)\boldsymbol{Y}$ 表示对于 X 和 Y 所有相同位置处的元素 x_i 和 y_i，有 $x_i\leqslant(\geqslant)y_i$ 成立，其中 $\boldsymbol{X}=[x_1x_2\cdots x_n]$，$\boldsymbol{Y}=[y_1y_2\cdots y_n]$；$[\boldsymbol{V}]_i$ 表示行向量 $\boldsymbol{V}$ 的第 i 个位置处的元素；$\sigma[\boldsymbol{V}]$ 表示向量 $\boldsymbol{V}$ 中非零元素的总数；$\mathbf{1}_n$ 和 $\mathbf{0}_n$ 分别表示 n 维的全 1 行向量和全 0 行向量，即 $\mathbf{1}_n:=[\underbrace{1\ \ 1\ \ \cdots\ \ 1}_{n}]$，$\mathbf{0}_n:=[\underbrace{0\ \ 0\ \ \cdots\ \ 0}_{n}]$；$\boldsymbol{L}_{i,j}$ 表示位于矩阵 $\boldsymbol{L}$ 的第 i 行和第 j 列相交处的元素。

6.2 问题描述

考虑k-值逻辑控制网络：

$$x_i(t+1)=f_i(x_1(t),\cdots,x_n(t),u_1(t),\cdots,u_m(t)),\ i=1,2,\cdots,n \tag{6.1}$$

其中，$x_i\in\mathcal{D}_k(i=1,2,\cdots,n)$为网络的内部节点；$u_i\in\mathcal{D}_k(i=1,2,\cdots,m)$为网络的输入节点；$f_i:\mathcal{D}_k^n\times\mathcal{D}_k^m\to\mathcal{D}_k(i=1,2,\cdots,n)$为连接各节点的逻辑函数。

在逻辑变量的向量形式下，可获得系统式(6.1)的代数形式为

$$\boldsymbol{x}(t+1)=\bar{\boldsymbol{L}}\boldsymbol{u}(t)\boldsymbol{x}(t) \tag{6.2}$$

其中，$\bar{\boldsymbol{L}}\in\mathcal{L}_{k^n\times k^{n+m}}$为系统式(6.1)的结构矩阵。

基于模型式(6.1)和模型式(6.2)的等价性，本章将保持前几章的叙述方式，仅研究模型式(6.2)。对于一个给定状态$\boldsymbol{x}_d$和一个常数控制$\boldsymbol{\delta}_{k^m}^r$，记满足等式$\boldsymbol{x}_d=\bar{\boldsymbol{L}}\boldsymbol{\delta}_{k^m}^r\boldsymbol{x}_0$的点$\boldsymbol{x}_0$的集合为$\mho_r^1(\boldsymbol{x}_d)$。下面给出一个重要的概念。

【定义 6.1】[103,104]

(1) 四元组合$R_r^1(\boldsymbol{x}_d)=(\mho_r^1(\boldsymbol{x}_d),\boldsymbol{x}_d,\boldsymbol{\delta}_{k^m}^r)$称为点$\boldsymbol{x}_d$在反向转移控制$\boldsymbol{v}=\boldsymbol{\delta}_{k^m}^r$下的一次反向转移(reverse-transfer，RT)，$\boldsymbol{x}_d$称为反向转移中心，$\boldsymbol{v}=\boldsymbol{\delta}_{k^m}^r$称为反向转移控制。

(2) 设$\mho_{r_1,\cdots,r_q}^q(\boldsymbol{x}_d)=\{\boldsymbol{x}_{i_1},\cdots,\boldsymbol{x}_{i_s}\}$，其中$q\geqslant 1$是一整数。给定一反向转移控制$\boldsymbol{v}=\boldsymbol{\delta}_{k^m}^{r_{q+1}}$，则组合

$$R_{r_1,\cdots,r_q,r_{q+1}}^{q+1}(\boldsymbol{x}_d)=(\bigcup_{j=1}^{s}\mho_{r_{q+1}}^1(\boldsymbol{x}_{i_j}),\ \boldsymbol{x}_d,\{\boldsymbol{\delta}_{k^m}^{r_{t+1}}\mid 0\leqslant t\leqslant q\})$$

称为点$\boldsymbol{x}_d$在反向转移路径$\boldsymbol{v}(t)=\boldsymbol{\delta}_{k^m}^{r_{t+1}}(0\leqslant t\leqslant q)$的$q+1$次反向转移。

【注释 6.1】

对于反向转移，即使$R_{r_1,\cdots,r_q}^q(\boldsymbol{x})$不同于$R_{\bar{r}_1,\cdots,\bar{r}_s}^s(\bar{\boldsymbol{x}})$，也可能有$\mho_{r_1,\cdots,r_q}^q(\boldsymbol{x})=\mho_{\bar{r}_1,\cdots,\bar{r}_s}^s(\bar{\boldsymbol{x}})$成立。

【例 6.1】

考虑一个布尔控制网络：

$$\begin{aligned}x_1(t+1)&=(x_1(t)\vee x_2(t))\wedge u(t)\\ x_2(t)&=x_1(t)\leftrightarrow u(t)\end{aligned} \tag{6.3}$$

利用逻辑变量的向量形式定义$\boldsymbol{x}(t)=\boldsymbol{x}_1(t)\ltimes\boldsymbol{x}_2(t)$。容易计算系统式(6.3)的代数形式为$\boldsymbol{x}(t+1)=\bar{\boldsymbol{L}}\boldsymbol{u}(t)\boldsymbol{x}(t)$，其中，$\bar{\boldsymbol{L}}=\boldsymbol{\delta}_4[1,1,2,4,4,4,3,3]$。

选择一个状态点$\boldsymbol{x}_d$作为反向转移中心，如取$\boldsymbol{x}_d=\boldsymbol{\delta}_4^1$。当反向转移控制为$\boldsymbol{\delta}_2^1$时，

仅有两个状态$\boldsymbol{\delta}_4^1$、$\boldsymbol{\delta}_4^2$满足$\boldsymbol{\delta}_4^1=\bar{\boldsymbol{L}}\boldsymbol{\delta}_2^1\boldsymbol{x}(t)$。按照定义 6.1，有$\mho_1^1(\boldsymbol{\delta}_4^1)=\{\boldsymbol{\delta}_4^1,\ \boldsymbol{\delta}_4^2\}$成立。当反向转移控制取为$\boldsymbol{\delta}_2^2$时，方程$\boldsymbol{\delta}_4^1=\bar{\boldsymbol{L}}\boldsymbol{\delta}_2^2\boldsymbol{x}(t)$无状态向量解，因此$\mho_2^1(\boldsymbol{\delta}_4^1)=\varnothing$。利用与上述相同的方法，可以得到$\mho_1^1(\boldsymbol{\delta}_4^2)=\{\boldsymbol{\delta}_4^3\}$。根据二次反向转移定义，计算

$$\begin{aligned}\mho_{1,1}^2(\boldsymbol{\delta}_4^1)&=\mho_1^2(\boldsymbol{\delta}_4^1)\cup\mho_1^1(\boldsymbol{\delta}_4^2)\\&=\{\boldsymbol{\delta}_4^1,\ \boldsymbol{\delta}_4^2,\ \boldsymbol{\delta}_4^3\}\end{aligned}$$

类似地，还可以得到$\mho_{1,2}^2(\boldsymbol{\delta}_4^1)=\varnothing$，$\mho_{1,1,1}^3(\boldsymbol{\delta}_4^1)=\{\boldsymbol{\delta}_4^1,\boldsymbol{\delta}_4^2,\boldsymbol{\delta}_4^3\}$及$\mho_{1,1,2}^3(\boldsymbol{\delta}_4^1)=\{\boldsymbol{\delta}_4^3,\boldsymbol{\delta}_4^4\}$。现在不妨以$\mho_{1,1,2}^3(\boldsymbol{\delta}_4^1)$为例，其对应的三次反向转移为

$$R_{1,1,2}^3(\boldsymbol{\delta}_4^1)=\{\mho_{1,1,2}^3(\boldsymbol{\delta}_4^1),\boldsymbol{\delta}_4^1,\{\boldsymbol{v}(0),\boldsymbol{v}(1),\boldsymbol{v}(2)\}\}$$

反向转移控制路径为

$$\boldsymbol{v}(0)=\boldsymbol{v}(1)=\boldsymbol{\delta}_2^1,\ \ \boldsymbol{v}(2)=\boldsymbol{\delta}_2^2$$

点$\boldsymbol{x}_d$的反向转移$R_{r_1,\cdots,r_q}^q(\boldsymbol{x}_d)$是由反向转移控制路径

$$\boldsymbol{v}(t)=\boldsymbol{\delta}_{k^m}^{r_{t+1}},\ \ 0\leqslant t\leqslant q-1$$

决定的。事实上，该路径将点$\boldsymbol{x}_d$映射成一个初始状态集合$\mho_{r_1,\cdots,r_q}^q(\boldsymbol{x}_d)$。由定义 6.1 可知，该映射是由

$$\boldsymbol{x}_d=\bar{\boldsymbol{L}}\boldsymbol{v}(0)\cdots\bar{\boldsymbol{L}}\boldsymbol{v}(q-2)\bar{\boldsymbol{L}}\boldsymbol{v}(q-1)\boldsymbol{x}(0)$$

定义的。显然，这些初始状态$\boldsymbol{x}(0)$可被输入序列

$$\boldsymbol{u}(t)=\boldsymbol{\delta}_{k^m}^{r_{q-t}},\ \ 0\leqslant t\leqslant q-1$$

驱动至$\boldsymbol{x}_d$。因此，研究系统式(6.2)的稳定化实际上是考虑如何寻找一个反向转移控制$\boldsymbol{v}(t)$，从而使得平衡点$\boldsymbol{x}_d$被映射成一个感兴趣的初始状态集合。搜寻这个路径的过程即求解输入序列$\boldsymbol{u}(t)=\boldsymbol{v}(q-t-1)$的过程，称为反向转移方法。

下面给出稳定化的定义。

【定义 6.2】

如果对于任意给定的初始状态$\boldsymbol{x}_0\in\Omega$，存在一个输入序列$\boldsymbol{u}(t)(t=0,1,\cdots)$和一个正整数$N$，使得当$t\geqslant N$时，有$\boldsymbol{x}(t,\boldsymbol{x}_0,\boldsymbol{u}(t))=\boldsymbol{x}_d$成立，则称系统式(6.2)能使$\Omega$集合稳定于状态$\boldsymbol{x}_d\in\Delta_{k^n}$。

【注释 6.2】

在定义 6.2 中，如果$\Omega=\Delta_{k^n}$，那么定义 6.2 实际上符合全局稳定化定义；否则它满足局部稳定化定义。

本章研究的控制方式包括开环控制和闭环控制。开环控制稳定化是指确定一控制序列$\boldsymbol{u}(0)$，$\boldsymbol{u}(1)$，$\boldsymbol{u}(2),\cdots$，使得受控系统式(6.2)稳定。闭环控制稳定化是指系统式(6.1)在形如式(6.4)的控制下趋于稳定。

$$\boldsymbol{u}_j(t)=h_j(\boldsymbol{x}_1(t),\cdots,\ \boldsymbol{x}_n(t)),\ \ j=1,2,\cdots,m \tag{6.4}$$

同样地，可以得到式(6.4)的代数形式为

$$\boldsymbol{u}(t)=\boldsymbol{H}\boldsymbol{x}(t) \tag{6.5}$$

其中，$\boldsymbol{H}\in\mathcal{L}_{k^m\times k^n}$ 为输入动态系统式(6.5)的结构矩阵。

注意到，能被稳定的状态点 $\boldsymbol{x}_d$ 一定是系统式(6.2)在某一常数输入下的不动点。为了方便，将状态空间内的所有状态点分别记为

$$\boldsymbol{\delta}_{k^n}^1=P_1,\ \boldsymbol{\delta}_{k^n}^2=P_2,\cdots,\ \boldsymbol{\delta}_{k^n}^{k^n}=P_{k^n}$$

不失一般性，假设 $P_i(i=1,2,\cdots,h)$ 为我们感兴趣的且分别是在常数输入 $\boldsymbol{\delta}_{k^m}^{r_i^*}$ 下的不动点，记 $\Xi=\{P_i\mid 1\leqslant i\leqslant h\}$。

【定义 6.3】

设 $P_{i_1}\in\Xi$ 且 $R_{r_1,\cdots,r_q}^q(P_{i_1})$ 是 P_{i_1} 的 q 次反向转移。如果不存在满足 $\mho_{r_1,\cdots,r_q}^q(P_{i_1})\subset\mho_{\bar{r}_1,\cdots,\bar{r}_q}^q(P_{i_2})$ 的 q 次反向转移 $\mho_{r_1,\cdots,r_q}^q(P_{i_2})$，其中 $P_{i_2}\in\Xi$，则称 $R_{r_1,\cdots,r_q}^q(P_{i_1})$ 为集合 Ξ 的 q 次良好反向转移。

【注释 6.3】

由定义 6.3 可知，对于任意 $\mho_{r_1,\cdots,r_q}^q(P_{i_1})\in G^q(\Xi)$，存在 $\mho_{\bar{r}_1,\cdots,\bar{r}_{q+1}}^{q+1}(P_{i_2})\in G^{q+1}(\Xi)$，使得 $\mho_{r_1,\cdots,r_q}^q(P_{i_1})\subseteq\mho_{\bar{r}_1,\cdots,\bar{r}_{q+1}}^{q+1}(P_{i_2})$。

记 $G^q(\Xi)=\{\mho_{r_1,\cdots,r_q}^q(P_i)\mid R_{r_1,\cdots,r_q}^q(P_i)\text{是}\Xi\text{的}q\text{次良好反向转移}\}$。特别地，当 $\Xi=\{\boldsymbol{x}_d\}$ 时，$G^q(\Xi)$ 简记为 $G^q(\boldsymbol{x}_d)$。

6.3 开环稳定化

6.3.1 稳定化判据

首先给出一些命题。

【命题6.1】

对于不动点集合 Ξ，存在一个正整数 s，使得

(1) 对于任意 $2\leqslant q\leqslant s$，存在一个良好的 q 次反向转移 $R_{r_1,\cdots,r_q}^q(P_i)$，满足 $\mho_{r_1,\cdots,r_q}^q(P_i)\notin G^{q-1}(\Xi)$；

(2) $G^s(\Xi)=G^{s+r}(\Xi)$，$r=1,2,\cdots$。

证明 注意到 $\left|G^s(\Xi)\right|<\infty$，即集合 $G^s(\Xi)$ 内所含元素个数是有限的。由定义 6.1 和注释 6.3 可知，一定存在一正整数 s，使得如下序列

$$G^1(\Xi),\ G^2(\Xi),\cdots,\ G^s(\Xi),\cdots$$

满足条件(1)和条件(2)的关系。

下面介绍集合$\mho^q_{r_1,\cdots,r_q}(P_i)$的向量形式。将$\bar{L}$分成$k^m$个方块矩阵如

$$\bar{\boldsymbol{L}}=[\boldsymbol{L}_1\cdots\boldsymbol{L}_r\cdots\boldsymbol{L}_{k^m}]$$

其中，$\boldsymbol{L}_r\in\mathcal{L}_{k^n\times k^n}$，$r=1,2,\cdots,\ k^m$。

【命题6.2】

对于系统式(6.2)，$P_j\in\mho^q_{r_1,r_2,\cdots,r_q}(P_i)$，当且仅当$[\mathrm{Row}_i(\boldsymbol{L}_{r_1})\boldsymbol{L}_{r_2}\cdots\boldsymbol{L}_{r_q}]_j=1$。

证明　根据定义 6.1 可知，$P_j\in\mho^q_{r_1,r_2,\cdots,r_q}(P_i)$成立，当且仅当

$$\bar{\boldsymbol{L}}\delta^{r_1}_{k^m}\bar{\boldsymbol{L}}\delta^{r_2}_{k^m}\cdots\bar{\boldsymbol{L}}\delta^{r_q}_{k^m}P_j=P_i$$

或

$$\mathrm{Row}_i(\boldsymbol{L}_{r_1}\boldsymbol{L}_{r_2}\cdots\boldsymbol{L}_{r_q}P_j)=1$$

即

$$[\mathrm{Row}_i(\boldsymbol{L}_{r_1})\boldsymbol{L}_{r_2}\cdots\boldsymbol{L}_{r_q}]_j=1$$

成立。

基于命题 6.2，集合$\mho^q_{r_1,r_2,\cdots,r_q}(P_i)$可由向量$\mathrm{Row}_i(\boldsymbol{L}_{r_1})\boldsymbol{L}_{r_2}\cdots\boldsymbol{L}_{r_q}$完全表示。任意集合$\Omega\subseteq\Delta_{k^n}$也可由一对应的$k^n$维布尔向量表示。具体来说，对于任意一点$P_j\in\Delta_{k^n}$，有$P_j\in\Omega$成立，当且仅当$\Omega$的向量形式的$j$个元素等于 1。在不产生混淆的情况下，也通常利用相同的符号Ω表示其向量形式。

由定义 6.1 和命题 6.2 可以直接获得下面命题。

【命题6.3】

如果$[\mathrm{Row}_i(\boldsymbol{L}_{r_1})\boldsymbol{L}_{r_2}\cdots\boldsymbol{L}_{r_s}]_j=1$成立，那么态$P_j$能被输入序列$\boldsymbol{u}(0)=\delta^{r_s}_{k^m}$，$\boldsymbol{u}(1)=\delta^{r_{s-1}}_{k^m},\cdots,\boldsymbol{u}(s-1)=\delta^{r_1}_{k^m}$驱动至$P_i$。

在下面的叙述中，$\boldsymbol{L}_j$总表示为$\bar{\boldsymbol{L}}$的第j块分块矩阵。最后，记

$$\Sigma^{(s,\ i)}=\sum_{\mho^s_{r_1,r_2,\cdots,r_s}(P_i)\in G^s(P_i)}\mathrm{Row}_i(\boldsymbol{L}_{r_1})\boldsymbol{L}_{r_2}\cdots\boldsymbol{L}_{r_s}$$

下面的定理是本章的一个主定理。

【定理6.1】

系统式(6.2)能够使Ω集合稳定在不动点P_i，当且仅当存在一正整数s，使得$\Omega\leqslant\Sigma^{(s,\ i)}$。

证明　(充分性)　由命题 6.2 和命题 6.3 可知，充分性是显然的。

(必要性)　系统式(6.2)能够使Ω集合稳定在P_i，即对于任意$P_j\in\Omega$，存在一输入序列$\boldsymbol{u}(t)(t=0,1,\cdots)$及一正整数$N$，使得

$$\boldsymbol{x}(t)=\bar{\boldsymbol{L}}\boldsymbol{u}(t-1)\cdots\bar{\boldsymbol{L}}\boldsymbol{u}(1)\bar{\boldsymbol{L}}\boldsymbol{u}(0)P_j=P_i,\ \ \forall t\geqslant N \tag{6.6}$$

记$\boldsymbol{u}(j)=\delta^{r_{N-j}}_{k^m}$，其中$0\leqslant j\leqslant N-1$。容易看到，式(6.6)说明

$$x(N)=\bar{L}\delta_{k^m}^{r_1}\bar{L}\delta_{k^m}^{r_2}\cdots\bar{L}\delta_{k^m}^{r_N}P_j=P_i$$

因此：

$$P_j\in\mho_{r_1,r_2,\cdots,r_N}^{N}(P_i)$$

按照命题 6.2 可得

$$[\mathrm{Row}_i(L_{r_1})L_{r_2}\cdots L_{r_N}]_j=1$$

于是，有

$$[\Omega]_j\leqslant[\Sigma^{(N,\ i)}]_j$$

由于选择 P_j 的任意性和集合 Ω 的有限性，所以一定存在一个共同的正整数 s，使得 $\Omega\leqslant\Sigma^{(s,\ i)}$ 成立。

记

$$\Gamma_h^{(s,\ i)}=\cup_{\mho_{r_1,\cdots,r_h,\cdots,r_s}^{s}(P_i)\in G^s(P_i)}\mho_{r_1,\cdots,r_h}^{h}(P_i),\quad 1\leqslant h\leqslant s$$

及

$$\Gamma_s^{(s,\ i)}=\cup^{(s,\ i)}$$

由命题 6.1 容易得到下面命题。

【命题 6.4】

对于系统式(6.2)的一个不动点 P_i，存在一正整数 $s\leqslant k^n$，使得

$$\cup^{(1,\ i)}\subset\cup^{(2,\ i)}\subset\cdots\subset\cup^{(s,\ i)}=\cup^{(s+1,\ i)}=\cdots \tag{6.7}$$

下面给出两个推论，它们是定理 6.1 和命题 6.4 的直接结果。

【推论6.1】

如果 $\sigma[\Sigma^{(s,\ i)}]=\sigma[\Sigma^{(s+1,\ i)}]$ 成立，那么集合 $\cup^{(s,\ i)}$ 是 P_i 的最大稳定域。

【推论 6.2】

假设 $G^s(\Xi)=G^{s+1}(\Xi)$，其中 $\Xi=\{P_i\,|\,1\leqslant i\leqslant h\}$ 是一个不动点集合。系统式(6.2)能使集合 Ω 稳定在 Ξ 内某一点，当且仅当存在一集合 $\mho_{r_1,r_2,\cdots,r_s}^{s}(P_i)\in G^s(\Xi)$，使得

$$\Omega\leqslant\mathrm{Row}_i(L_{r_1})L_{r_2}\cdots L_{r_s} \tag{6.8}$$

如果满足式(6.8)，那么集合 Ω 中所有的点都能被输入序列

$$u(0)=\delta_{k^m}^{r_s},\ u(1)=\delta_{k^m}^{r_{s-1}},\cdots,\ u(s-1)=\delta_{k^m}^{r_1},\ u(t)=\delta_{k^m}^{r_i^*},\ t\geqslant s$$

驱动至 P_i，其中 r_i^* 满足 $L_{r_i^*}P_i=P_i$。

注意到，当 $\Omega=\Delta_{k^n}$ 时，定理 6.1 和推论 6.2 都是全局稳定化条件。现将这两个结果的优势归纳如下。

(1) 定理 6.1 提供了关于 k-值逻辑控制网络的一个等价开环稳定化条件，该条件优于现有的相关结果。事实上，虽然文献[18]中定理 5.18 针对布尔控制网络给出了一个在共同输入序列下的全局稳定化条件，但是它的控制模式是开环控制的

一种特殊形式。不难证明，定理 5.18 等价于本章推论 6.2 中当 $k=2$，$\Xi=\{P_i\}$，$\Omega=\Delta_{2^n}$ 时的结果。文献[71]中的定理 3.4 看似提出了一个等价的开环全局稳定化条件，实际上参考文献[18]中的反例 5.20 可以说明定理 3.4 既不充分也非必要。文献[71]中的定理 3.5 提供了一个开环局部稳定化条件，但该条件只适用于 Ω 包含一个不动点的情形，而本章定理 6.1 适用于任意非空集合 Ω。另外，文献[71]中的定理 3.5 只是充分而非必要的。

(2) 本章所提供的控制器设计方法更加简洁。因为当系统式(6.2)可稳时，不像文献[18]中的定理 5.18 和文献[71]中的定理 3.5，在此并不需要递归地计算有效的输入序列，而是在检测系统稳定化的同时直接获得。

(3) 本章定理 6.1 和推论 6.2 所提供方法的计算量至少是文献[18]中定理 5.18 和文献[71]中定理 3.5 的 $\frac{1}{k^n}$。

(4) 推论 6.1 提供了一个求解不动点 P_i 最大稳定域的简单方法。

6.3.2　算法

定理 6.1 和推论 6.2 是求解系统式(6.2)稳定化问题的有效工具，但是应用时面临的一个困难是计算 $G^s(P_i)$。为了尽可能地减少 $G^s(P_i)$ 的计算量，通过观察发现，如果

$$\mathrm{Row}_i(\boldsymbol{L}_{r_1})\boldsymbol{L}_{r_2}\cdots\boldsymbol{L}_{r_q}\leqslant\mathrm{Row}_i(\boldsymbol{L}_{\bar{r}_1})\boldsymbol{L}_{\bar{r}_2}\cdots\boldsymbol{L}_{\bar{r}_q}$$

成立，那么对应的反向转移 $R^q_{r_1,r_2,\cdots,r_q}(P_i)$ 则可以不用考虑，因为这样做并不会对 $G^q(P_i)$ 产生影响。因此，为了减少计算成本，这样处理是合理的。下面分别根据定理 6.1、推论 6.1 及推论 6.2 给出相应的算法。为了方便，在不致产生混淆的情形下，将 $R^q_{r_1,r_2,\cdots,r_q}(P_i)$ 和 $\boldsymbol{\mho}^s_{r_1,r_2,\cdots,r_s}(P_i)$ 均简记为 $\mathrm{Row}_i(\boldsymbol{L}_{r_1})\boldsymbol{L}_{r_2}\cdots\boldsymbol{L}_{r_q}$，并记 $\{\Xi\}$ 为 $G^0(\Xi)$。

【算法 6.1】

按照以下步骤可以计算系统式(6.2)的不动点 P_i 的最大稳定域。

• 步骤 1　取 $q=\bar{q}=\max\{\sigma[\mathrm{Row}_i(\boldsymbol{L}_r)]\mid r=1,\cdots,k^m\}$ 及 $\underline{q}=\min\{\sigma[\mathrm{Row}_i(\boldsymbol{L}_r)]\mid r=1,\cdots,k^m\}$。

• 步骤 2　如果 $q<\underline{q}$，进入步骤 5。否则，记 $\boldsymbol{\Phi}_q=\{\mathrm{Row}_i(\boldsymbol{L}_r)\mid\sigma[\mathrm{Row}_i(\boldsymbol{L}_r)]=q;\ r=1,\cdots,k^m\}$ 并进入步骤 3。

• 步骤 3　检查是否已检测所有的 RT。如果是，进入步骤 4。否则，选择一个未被检测的 RT $\mathrm{Row}_i(\boldsymbol{L}_{r_1})$，要求 $\sigma[\mathrm{Row}_i(\boldsymbol{L}_{r_1})]\leqslant q$。如果在 $\boldsymbol{\Phi}_q$ 内存在一个不同于 $\mathrm{Row}_i(\boldsymbol{L}_{r_1})$ 的 RT $\mathrm{Row}_i(\boldsymbol{L}_{r_2})$，使得 $\mathrm{Row}_i(\boldsymbol{L}_{r_1})\leqslant\mathrm{Row}_i(\boldsymbol{L}_{r_2})$，那么删除 $\mathrm{Row}_i(\boldsymbol{L}_{r_1})$。在这种情况下，令 $\boldsymbol{\Phi}_q:=\boldsymbol{\Phi}_q\setminus\{\mathrm{Row}_i(\boldsymbol{L}_{r_1})\}$，返回步骤 3。否则，$\mathrm{Row}_i(\boldsymbol{L}_{r_1})$ 保持不变并

返回步骤 3。

• 步骤 4　令 $q=q-1$。如果 $\Phi_q=\varnothing$，返回步骤 4。否则，取 $\underline{q}$ =min$\{\sigma[\boldsymbol{V}]|\boldsymbol{V}$ 是步骤 3 中不变的 RT$\}$ 并返回步骤 2。

• 步骤 5　取 $s=1$。记 $G^s(P_i)=\bigcup_{\Phi_j\neq\varnothing}\Phi_j$ 并计算 $\Sigma^{(s,\ i)}=\sum\limits_{V\in G^s(P_i)}\boldsymbol{V}$。检查等式 $\sigma[\Sigma^{(s-1,\ i)}]=\sigma[\Sigma^{(s,\ i)}]$ 是否成立。如果成立，停止计算，则 $\Sigma^{(s,\ i)}$ 是 P_i 的最大稳定域。否则，将 $G^s(P_i)$ 分支，即对于 $G^s(P_i)$ 的每一向量，如 $\mathrm{Row}_i(\boldsymbol{L}_{r_1})\boldsymbol{L}_{r_2}\cdots\boldsymbol{L}_{r_s}$，计算 $\mathrm{Row}_i(\boldsymbol{L}_{r_1})\boldsymbol{L}_{r_2}\cdots\boldsymbol{L}_{r_s}\boldsymbol{L}_r(r=1,2,\cdots,k^m)$，并用这些新的 RT 代替之前旧的 RT，同时令 $s=s+1$。返回步骤 1。

【算法 6.2】

按照以下步骤可以确定系统式(6.2)能否使 Ω 集合稳定于不动点 P_i。

• 步骤 0　令 $q=\overline{q}$ =max $\{\sigma[\mathrm{Row}_i(\boldsymbol{L}_r)]|r=1,\cdots,k^m\}$，$\underline{q}$ =min $\{\sigma[\mathrm{Row}_i(\boldsymbol{L}_r)]|r=1,\cdots,k^m\}$ 及 $\Gamma_q=\{\mathrm{Row}_i(\boldsymbol{L}_r)|\sigma[\mathrm{Row}_i(\boldsymbol{L}_r)]=q;\ r=1,\cdots,k^m\}$。

• 步骤 1　如果 $q<\underline{q}$，进入步骤 4。否则，进入步骤 2。

• 步骤 2　确定是否已经检测所有 RT。如果是，进入步骤 3。否则，选择一个未被检测的 RT $\mathrm{Row}_i(\boldsymbol{L}_{r_1})$，要求 $\sigma[\mathrm{Row}_i(\boldsymbol{L}_{r_1})]\leqslant q$。如果存在一个不同于 $\mathrm{Row}_i(\boldsymbol{L}_{r_1})$ 的 RT $\mathrm{Row}_i(\boldsymbol{L}_{r_2})\in\Gamma_q$，使得 $\mathrm{Row}_i(\boldsymbol{L}_{r_1})\leqslant\mathrm{Row}_i(\boldsymbol{L}_{r_2})$，那么删除 $\mathrm{Row}_i(\boldsymbol{L}_{r_1})$。在这种情况下，令 $\Gamma_q:=\Gamma_q\backslash\{\mathrm{Row}_i(\boldsymbol{L}_{r_1})\}$ 并返回步骤 2。否则，$\mathrm{Row}_i(\boldsymbol{L}_{r_1})$ 保持不变，返回步骤 2。

• 步骤 3　令 $q=q-1$。如果 $\Gamma_q=\varnothing$，则返回步骤 3。否则，令 $\underline{q}$ =min$\{\sigma[\boldsymbol{V}]|\boldsymbol{V}$ 是步骤 2 中不变的 RT$\}$，并返回步骤 1。

• 步骤 4　令 $s=1$，记 $G^s(P_i)=\bigcup_{\Gamma_j\neq\varnothing}\Gamma_j$。计算 $\Sigma^{(s,\ i)}=\sum\limits_{V\in G^s(P_i)}\boldsymbol{V}$ 并检测不等式 $\Omega\leqslant\Sigma^{(s,\ i)}$ 是否成立。如果成立，停止计算，系统式(6.2)能被 Ω 集合稳定于不动点 P_i。否则，检测等式 $\sigma[\Sigma^{(s-1,\ i)}]=\sigma[\Sigma^{(s,\ i)}]$ 是否成立。如果成立，系统式(6.2)不能使 Ω 集合稳定于 P_i。否则，将 $G^s(P_i)$ 进行分支，用新产生的 RT 代替之前旧的 RT，同时令 $s=s+1$，并返回步骤 0。

【算法 6.3】

按照以下步骤可以确定能否通过一个共同的输入序列，将系统式(6.2)的 Ω 集合稳定于 Ξ 内的某一点 P_i，其中 $\Xi=\{P_i|1\leqslant i\leqslant h\}$ 是一个给定的不动点集合。

• 步骤 0　令 $q=\overline{q}$ =max$\{\sigma[\mathrm{Row}_i(\boldsymbol{L}_r)]|i=1,\cdots,h;r=1,\cdots,k^m\}$，$\underline{q}$ =min$\{\sigma[\mathrm{Row}_i(\boldsymbol{L}_r)]|i=1,\cdots,h;r=1,\cdots,k^m\}$ 及 $\Gamma_q=\{\mathrm{Row}_i(\boldsymbol{L}_r)|\sigma[\mathrm{Row}_i(\boldsymbol{L}_r)]=q;\ i=1,\cdots,h;r=1,\cdots,k^m\}$。

• 步骤 1～步骤 3　这里的步骤 1～步骤 3 分别与算法 6.2 的步骤 1～步骤 3 相同。

• 步骤 4　令 $s=1$，记 $G^s(\Xi)=\bigcup_{\Gamma_j\neq\varnothing}\Gamma_j$。检测是否存在 $\mathrm{Row}_i(\boldsymbol{L}_{r_1})\boldsymbol{L}_{r_2}\cdots\boldsymbol{L}_{r_s}\in G^s(\Xi)$，使得 $\Omega\leqslant\mathrm{Row}_i(\boldsymbol{L}_{r_1})\boldsymbol{L}_{r_2}\cdots\boldsymbol{L}_{r_s}$。如果是，停止计算，输入序列 $\{\boldsymbol{u}(j)=\boldsymbol{\delta}_{k^m}^{r_{s-j}},0\leqslant j\leqslant s-1;\ \boldsymbol{u}(t)=\boldsymbol{\delta}_{k^m}^{r_i^*},\ t\geqslant s\}$ 使系统式(6.2)通过 Ω 集合稳定于点 P_i。否则，检测不等式 $G^s(\Xi)=G^{s-1}(\Xi)$ 是否成立。如果成立，那么系统式(6.2)不能通过一个共同的输入序列 Ω 集合稳定于 Ξ 中任何一点。否则，将 $G^s(P_i)$ 分支，并用这些新的 RT 代替之前旧的 RT，同时令 $s=s+1$。返回步骤 0。

6.3.3　算法的复杂度分析

算法 6.2 主要由如下三部分组成。

(1) 计算 RT(这部分在步骤 4 的后半部分进行)并计算它们的非零元素个数(这部分在步骤 0 中进行)。

(2) 删掉无用的 RT(这部分在步骤 1～步骤 3 中进行)。

(3) 验证系统式(6.2)是否能稳定于 P_i(这部分在步骤 4 的前半部分进行)。

为了方便，记 $G^s(P_i)$ 中所有向量的个数为 g_s。显然，$g_s\leqslant g_{s-1}k^m\leqslant k^{sm}$，$g_0=1$。对于部分(1)，计算所有 s 次反向转移的计算复杂度并计算其非零元素个数的复杂度为 $O(g_{s-1}k^{2n+m}+g_{s-1}k^{n+m})$，它的主导部分是 $O(g_{s-1}k^{2n+m})$。考虑部分(2)。这部分进行了大量比较，即检测不等式 $\mathrm{Row}_i(\boldsymbol{L}_{r_1})\leqslant\mathrm{Row}_i(\boldsymbol{L}_{r_2})$ 是否成立。在最坏的情形下：$g_s=g_{s-1}k^m$，即在步骤 2 中没有任何 RT 被剪切时，不得不进行 $\dfrac{g_{s-1}k^m(g_{s-1}k^m-1)}{2}$ 次比较。此时，部分(2)的复杂度是 $O\left(\dfrac{g_{s-1}^2k^{n+2m}}{2}\right)$。如果 $g_{s-1}k^m\leqslant k^n$，那么可以通过将部分(2)的复杂度和 $O(g_{s-1}k^{2n+m})$ 进行比较，进而发现部分(2)的复杂度是可以忽略的。大量的实际例子说明，允许假设 m 远小于 n(通常 m 取 1 或 2)。此外，定义 6.1 和命题 6.1 蕴含了大部分无用的 RT 在步骤 2 中被 $G^s(P_i)$ 的向量减支。换言之，$g_{s-1}\ll k^{(s-1)m}$。因此，很容易保证条件 $g_{s-1}k^m\leqslant k^n$，所以部分(2)的计算成本可以忽略不计。至于部分(3)，其复杂度是 $O(g_sk^n)$，所以也是可以忽略的。总结以上讨论得出算法 6.2 的计算复杂度是 $O(g_{s-1}k^{2n+m})$，其中 $g_{s-1}\ll k^{(s-1)m}$。类似于以上分析，算法 6.3 的计算复杂度是 $O(g_{s-1}k^{2n+m})$，其中 $g_{s-1}\ll hk^{(s-1)m}$ 是 $G^{s-1}(\Xi)$ 中向量的个数。另外，由文献[71]的定理 3.5 和文献[18]的定理 5.18 所提供的各种设计方法，其计算复杂度是 $O(k^{3n+(2s-1)m})$。不难发现，本章所介绍的算法 6.2 和算法 6.3 虽然仍具有指数复杂度，但是和现有的相关方法进行比较，明显减少了复杂度。

6.4　闭环稳定化

下面给出一个关于状态反馈镇定器的设计方法。

【定理6.2】

假设 P_i 是系统式(6.2)的一个不动点，且对于整数 s，不等式 $\Omega\subseteq\bigcup^{(s,\ i)}$ 成立。则系统式(6.2)始发于 Ω 的所有轨迹都可以按照下述方式设计的控制器式(6.5)稳定至 P_i：对于 $\boldsymbol{H}$ 的第 j 列 $\mathrm{Col}_j(\boldsymbol{H})$，如果 $P_j\in\bigcup^{(s,\ i)}$，那么可以找一个良好的 s 次反向转移，如 $R^{s}_{r_1,\cdots,r_h,\cdots,r_s}(P_i)$，使得对于某一整数 h，有 $P_j\in(\boldsymbol{\mho}^{h}_{r_1,r_2,\cdots,r_h}(P_i)\backslash\bigcup_{q=1}^{h-1}\Gamma_q^{(s,i)})$ 成立，其中，$\bigcup_{q=1}^{0}\Gamma_q^{(s,\ i)}=\varnothing$，于是可以取 $\mathrm{Col}_j(\boldsymbol{H})$ 为 $\boldsymbol{\delta}_{k^m}^{r_h}$；否则，$\mathrm{Col}_j(\boldsymbol{H})$ 可以任意选取。

证明　不失一般性，假设对于任意正整数 $h<s$，有关系

$$\bigcup^{(h,\ i)}\subset\bigcup^{(s,\ i)}$$

成立。将 $\bigcup^{(s,\ i)}$ 按照下述方式表示成 s 个不相交集合的并

$$\begin{aligned}\bigcup^{(s,\ i)}&=\Gamma_1^{(s,\ i)}\cup(\Gamma_2^{(s,\ i)}\backslash\Gamma_1^{(s,\ i)})\cup\cdots\cup(\Gamma_h^{(s,\ i)}\backslash\bigcup_{q=1}^{h-1}\Gamma_q^{(s,\ i)})\\&\quad\cup\cdots\cup(\Gamma_s^{(s,i)}\backslash\bigcup_{q=1}^{s-1}\Gamma_q^{(s,\ i)})\end{aligned}\tag{6.9}$$

显然，对于任意初始状态 $\boldsymbol{x}(0)\in\Omega$，如 P_j，有 $P_j\in\bigcup^{(s,\ i)}$。于是，存在一个唯一的正整数 $1\leqslant h\leqslant s$，使得

$$P_j\in\Gamma_h^{(s,\ i)}\backslash\bigcup_{q=1}^{h-1}\Gamma_q^{(s,\ i)}$$

其中，$\bigcup_{q=1}^{0}\Gamma_q^{(s,\ i)}=\varnothing$。由 $\Gamma_h^{(s,\ i)}$ 的定义，一定存在至少一个良好的 s 次反向转移，如 $R^{s}_{r_1,\cdots,r_h,\cdots,r_s}(P_i)$，满足

$$P_j\in\boldsymbol{\mho}^{h}_{r_1,\cdots,r_h}(P_i)$$

因此，有

$$P_j\in(\boldsymbol{\mho}^{h}_{r_1,\cdots,r_h}(P_i)\backslash\bigcup_{q=1}^{h-1}\Gamma_q^{(s,\ i)})$$

根据定理 6.2 提供的设计方法，取 $\mathrm{Col}_j(\boldsymbol{H})$ 为 $\boldsymbol{\delta}_{k^m}^{r_h}$。注意到，由命题 6.3 可知，系统式(6.2)始于 P_j 的轨迹能够被常数控制 $\boldsymbol{u}=\boldsymbol{\delta}_{k^m}^{r_h}$ 驱动至集合 $\boldsymbol{\mho}^{h-1}_{r_1,\cdots,r_{h-1}}(P_i)$ 内，其中该常数控制可由 $\boldsymbol{H}\boldsymbol{\delta}_{k^n}^{j}$ 获得。所以，P_j 能够按照定理 6.2 设计的状态反馈控制器式(6.5)驱动至 $\boldsymbol{\mho}^{h-1}_{r_1,\cdots,r_{h-1}}(P_i)$ 进而至 $\Gamma_{h-1}^{(s,\ i)}$。注意到 h 是有限的，且 $P_i\in\Gamma_1^{(s,\ i)}$，从而可以利用和上面相同的方法进行说明，初始状态 P_j 能被定理 6.2 设计的控制器驱动至 $\Gamma_1^{(s,\ i)}$，并且最终稳定在点 P_i。由于选择初始状态 $\boldsymbol{x}(0)$ 具有任意性，所以结

论成立。

根据命题 6.2，下面的命题是自然成立的。

【命题6.5】

对于系统式(6.2)，$P_j \in (\mho^s_{r_1,r_2,\cdots,r_s}(P_i) \cup \mho^{\bar{s}}_{\bar{r}_1,\bar{r}_2,\cdots,\bar{r}_{\bar{s}}}(P_i))$ 当且仅当 $[\mathrm{Row}_i(\boldsymbol{L}_{r_1})\boldsymbol{L}_{r_2}\cdots\boldsymbol{L}_{r_s} + \mathrm{Row}_i(\boldsymbol{L}_{\bar{r}_1})\boldsymbol{L}_{\bar{r}_2}\cdots\boldsymbol{L}_{\bar{r}_{\bar{s}}}]_j \geqslant 1$。

下面给出定理 6.2 的矩阵形式。记

$$Y_h^{(s,\ i)} = \sum_{\mho^s_{r_1,\cdots,r_h,\cdots,r_s}(P_i)\in G^s(P_i)} \mathrm{Row}_i(\boldsymbol{L}_{r_1})\boldsymbol{L}_{r_2}\cdots\boldsymbol{L}_{r_h},\quad 1\leqslant h\leqslant s$$

及

$$\Upsilon_s^{(s,\ i)} = \Sigma^{(s,\ i)}$$

于是基于命题 6.2、命题 6.3 和命题 6.5，下面给出定理 6.2 的矩阵形式。

【定理 6.3】

假设 P_i 是系统式(6.2)的一个不动点，且对于整数 s，有不等式 $\Omega\leqslant\Sigma^{(s,\ i)}$ 成立，那么系统式(6.2)所有始发于 Ω 的轨迹都可以按照下述方式设计的控制器式(6.5)稳定至 P_i：对于 $\boldsymbol{H}$ 的第 j 列 $\mathrm{Col}_j(\boldsymbol{H})$，如果 $[\Sigma^{(s,\ i)}]_j>0$，则找一个良好的 s 次反向转移，如 $\mathrm{Row}_i(\boldsymbol{L}_{r_1})\boldsymbol{L}_{r_2}\cdots\boldsymbol{L}_{r_h}\cdots\boldsymbol{L}_{r_s}$，使得对于某一整数 h，有下式成立

$$\left[\mathrm{Row}_i(\boldsymbol{L}_{r_1})\boldsymbol{L}_{r_2}\cdots\boldsymbol{L}_{r_h} - \sum_{q=1}^{h-1}\Upsilon_q^{(s,\ i)}\right]_j > 0$$

其中，$\sum_{q=1}^{0}\Upsilon_q^{(s,\ i)} = \boldsymbol{0}_{k^n}$，于是可以取 $\mathrm{Col}_j(\boldsymbol{H})$ 为 $\boldsymbol{\delta}_{k^m}^{r_h}$；否则，$\mathrm{Col}_j(\boldsymbol{H})$ 可以任意选取。

根据定理 6.3，给出设计状态反馈镇定器的算法。

【算法 6.4】

假设 P_i 是系统式(6.2)的一个不动点且有 $\Omega\leqslant\Sigma^{(s,\ i)}$ 成立。设 $G^s(P_i)=\{\mathrm{Row}_i(\boldsymbol{L}_{r_1^{(q)}})\boldsymbol{L}_{r_2^{(q)}}\cdots\boldsymbol{L}_{r_h^{(q)}} | 1\leqslant q\leqslant l\}$。则系统式(6.2)始发于 Ω 的所有轨迹都可以按照如下步骤设计的控制器式(6.5)稳定至 P_i。

- 步骤 1　取 $q=1$，$h=1$。对于满足 $\left[\mathrm{Row}_i(\boldsymbol{L}_{r_1^{(q)}})\boldsymbol{L}_{r_2^{(q)}}\cdots\boldsymbol{L}_{r_h^{(q)}} - \sum_{q=1}^{h-1}\Upsilon_q^{(s,\ i)}\right]_j > 0$ 的 j，如果 $\mathrm{Col}_j(\boldsymbol{H})$ 还没有确定，那么 $\mathrm{Col}_j(\boldsymbol{H})$ 可以取为 $\boldsymbol{\delta}_{2^m}^{r_h}$，否则 $\mathrm{Col}_j(\boldsymbol{H})$ 保持不变。
- 步骤 2　取 $h=h+1$。如果 $h\leqslant s$，返回步骤 1，否则进入步骤 3。
- 步骤 3　取 $q=q+1$。如果 $q\leqslant l$，返回步骤 1，否则进入步骤 4。
- 步骤 4　$\boldsymbol{H}$ 的其他列可以任意选取。

6.5 例　子

本节给出一些例子，用以说明上述方法的有效性和优势。

【例 6.2】

考虑一博弈(S_4, G, Π)（该博弈可以参考文献[105]），其中$S_4=(N, E)$是一网络，$N=\{\boldsymbol{w}, \boldsymbol{x}_1, \boldsymbol{x}_2, \boldsymbol{x}_3\}$是一组节点，$E$为边界集；$G$是 Benoit-Krishna 博弈，其策略集合为$S_0=\{$1:否认，2:答非所问，3:坦白$\}$；Π是具有固定优先级的无条件模型，该模型提供了一个策略更新规则。这个模型是 4 个玩家的游戏，其成员分别记为$\boldsymbol{w}$，$\boldsymbol{x}_i(i=1,2,3)$。玩家$\boldsymbol{x}_2$是犯罪头目，他仅能和$\boldsymbol{x}_1$、$\boldsymbol{x}_3$联系。玩家$\boldsymbol{w}$是侦探，他潜入其中但也仅能和$\boldsymbol{x}_1$、$\boldsymbol{x}_3$联系。$\boldsymbol{w}$的目的是让所有其他玩家$\boldsymbol{x}_i$坦白。

在逻辑变量的向量形式下，定义$\boldsymbol{x}(t)=\boldsymbol{x}_1(t)\boldsymbol{x}_2(t)\boldsymbol{x}_3(t)$，$\boldsymbol{u}(t)=\boldsymbol{w}(t)$。通过计算得到$\boldsymbol{x}(t+1)=\bar{\boldsymbol{L}}\boldsymbol{u}(t)\boldsymbol{x}(t)$（参考文献[105]），其中，

$$
\begin{aligned}
\bar{\boldsymbol{L}}=\boldsymbol{\delta}_{27}[&1\ 1\ 9\ 1\ 1\ 9\ 27\ 27\ 27\ 1\ 1\ 9\ 1\ 14\ 18\ 27\ 9\ 27\ 25\ 25\\
&27\ 25\ 26\ 27\ 27\ 27\ 27\ 1\ 1\ 9\ 1\ 5\ 3\ 27\ 27\ 27\ 1\ 11\\
&18\ 13\ 14\ 14\ 27\ 14\ 14\ 25\ 26\ 27\ 2\ 14\ 17\ 27\ 14\ 27\\
&21\ 21\ 27\ 21\ 24\ 27\ 27\ 27\ 27\ 21\ 19\ 27\ 24\ 14\ 14\ 27\\
&24\ 27\ 27\ 27\ 27\ 27\ 14\ 27\ 27\ 27\ 27]
\end{aligned}
\tag{6.10}
$$

显然，目标状态是$\boldsymbol{x}_d=\boldsymbol{\delta}_{27}^{27}$。这是一个在常数控制$\boldsymbol{\delta}_3^r$下的不动点(这里，$\Xi=\{P_{27}\}$)。现在感兴趣的问题是：①$\boldsymbol{x}_d$的最大稳定域是什么?②如何找到一个输入序列，使其能将系统稳定至$\boldsymbol{x}_d$？下面将利用算法 6.1 和算法 6.2 来处理这些问题。

首先，由$\bar{\boldsymbol{L}}$得到$\boldsymbol{x}_d$的一次反向转移如下：

$$\mathrm{Row}_{27}(\boldsymbol{L}_1)=[0\ 0\ 0\ 0\ 0\ 0\ 1\ 1\ 1\ 0\ 0\ 0\ 0\ 0\ 1\ 0\ 1\ 0\ 0\ 1\ 0\ 0\ 1\ 1\ 1\ 1] \tag{6.11}$$

$$\sigma[\mathrm{Row}_{27}(\boldsymbol{L}_1)]=10 \tag{6.12}$$

$$\mathrm{Row}_{27}(\boldsymbol{L}_2)=[0\ 0\ 0\ 0\ 0\ 0\ 1\ 1\ 1\ 0\ 0\ 0\ 0\ 0\ 0\ 1\ 0\ 0\ 0\ 0\ 1\ 0\ 0\ 0\ 1\ 0\ 1] \tag{6.13}$$

$$\sigma[\mathrm{Row}_{27}(\boldsymbol{L}_2)]=7 \tag{6.14}$$

$$\mathrm{Row}_{27}(\boldsymbol{L}_3)=[0\ 0\ 1\ 0\ 0\ 1\ 1\ 1\ 1\ 0\ 0\ 1\ 0\ 0\ 0\ 1\ 0\ 1\ 1\ 1\ 1\ 1\ 0\ 1\ 1\ 1\ 1] \tag{6.15}$$

$$\sigma[\mathrm{Row}_{27}(\boldsymbol{L}_3)]=16 \tag{6.16}$$

因为$\sigma[\mathrm{Row}_{27}(\boldsymbol{L}_3)]$最大，所以从$\mathrm{Row}_{27}(\boldsymbol{L}_3)$开始进行比较，从而获得

$$\mathrm{Row}_{27}(\boldsymbol{L}_1)\leqslant\mathrm{Row}_{27}(\boldsymbol{L}_3)$$

$$\mathrm{Row}_{27}(\boldsymbol{L}_2)\leqslant\mathrm{Row}_{27}(\boldsymbol{L}_3)$$

基于这两个不等式，可以剪支$\mathrm{Row}_{27}(\boldsymbol{L}_1)$和$\mathrm{Row}_{27}(\boldsymbol{L}_2)$，从而得到

$$G^1(P_{27})=\{\mathrm{Row}_{27}(\boldsymbol{L}_3)\}$$

然后，将 $G^1(P_{27})$ 分支如下：

$$\mathrm{Row}_{27}(\boldsymbol{L}_3)\boldsymbol{L}_1=[0\ 0\ 1\ 0\ 0\ 1\ 1\ 1\ 1\ 0\ 0\ 1\ 0\ 0\ 1\ 1\ 1\ 1\ 1\ 1\ 1\ 1\ 1\ 1\ 1\ 1\ 1] \tag{6.17}$$

$$\sigma[\mathrm{Row}_{27}(\boldsymbol{L}_3)\boldsymbol{L}_1]=19 \tag{6.18}$$

$$\mathrm{Row}_{27}(\boldsymbol{L}_3)\boldsymbol{L}_2=[0\ 0\ 1\ 0\ 0\ 1\ 1\ 1\ 1\ 0\ 0\ 1\ 0\ 0\ 0\ 1\ 0\ 0\ 1\ 1\ 1\ 1\ 0\ 0\ 1\ 0\ 1] \tag{6.19}$$

$$\sigma[\mathrm{Row}_{27}(\boldsymbol{L}_3)\boldsymbol{L}_2]=13 \tag{6.20}$$

$$\mathrm{Row}_{27}(\boldsymbol{L}_3)\boldsymbol{L}_3=[1\ 1\ 1\ 1\ 1\ 1\ 1\ 1\ 1\ 1\ 1\ 1\ 1\ 1\ 0\ 0\ 1\ 1\ 1\ 1\ 1\ 1\ 1\ 0\ 1\ 1\ 1\ 1] \tag{6.21}$$

$$\sigma[\mathrm{Row}_{27}(\boldsymbol{L}_3)\boldsymbol{L}_3]=24 \tag{6.22}$$

对于以上新的反向转移，因为 $\sigma[\mathrm{Row}_{27}(\boldsymbol{L}_3)\boldsymbol{L}_3]$ 是最大的，所以从它开始进行比较，从而获得

$$\mathrm{Row}_{27}(\boldsymbol{L}_3)\boldsymbol{L}_1 \nleq \mathrm{Row}_{27}(\boldsymbol{L}_3)\boldsymbol{L}_3$$

$$\mathrm{Row}_{27}(\boldsymbol{L}_3)\boldsymbol{L}_2 \leqslant \mathrm{Row}_{27}(\boldsymbol{L}_3)\boldsymbol{L}_3$$

剪支 $\mathrm{Row}_{27}(\boldsymbol{L}_3)\boldsymbol{L}_2$ 并得到

$$G^2(P_{27})=\{\mathrm{Row}_{27}(\boldsymbol{L}_3)\boldsymbol{L}_1,\ \mathrm{Row}_{27}(\boldsymbol{L}_3)\boldsymbol{L}_3\}$$

显然，

$$\sigma[\Sigma_1]=\sigma[\Sigma_2]$$

不成立，其中，$\Sigma_1=\mathrm{Row}_{27}(\boldsymbol{L}_3)$，$\Sigma_2=\mathrm{Row}_{27}(\boldsymbol{L}_3)\boldsymbol{L}_1+\mathrm{Row}_{27}(\boldsymbol{L}_3)\boldsymbol{L}_3$。

于是，将 $G^2(P_{27})$ 分支如下：

$$\mathrm{Row}_{27}(\boldsymbol{L}_3)\boldsymbol{L}_3\boldsymbol{L}_1=[1\ 1\ 1\ 1\ 1\ 1\ 1\ 1\ 1\ 1\ 1\ 1\ 1\ 1\ 0\ 1\ 1\ 1\ 1\ 1\ 1\ 1\ 1\ 1\ 1\ 1\ 1] \tag{6.23}$$

$$\sigma[\mathrm{Row}_{27}(\boldsymbol{L}_3)\boldsymbol{L}_3\boldsymbol{L}_1]=26 \tag{6.24}$$

$$\mathrm{Row}_{27}(\boldsymbol{L}_3)\boldsymbol{L}_3\boldsymbol{L}_2=[1\ 1\ 1\ 1\ 1\ 1\ 1\ 1\ 1\ 1\ 1\ 1\ 1\ 1\ 0\ 0\ 1\ 0\ 0\ 1\ 1\ 1\ 1\ 0\ 1\ 1\ 0\ 1] \tag{6.25}$$

$$\sigma[\mathrm{Row}_{27}(\boldsymbol{L}_3)\boldsymbol{L}_3\boldsymbol{L}_2]=21 \tag{6.26}$$

$$\mathrm{Row}_{27}(\boldsymbol{L}_3)\boldsymbol{L}_3\boldsymbol{L}_3=[1\ 1\ 1\ 1\ 1\ 1\ 1\ 1\ 1\ 1\ 1\ 1\ 1\ 1\ 0\ 0\ 1\ 1\ 1\ 1\ 1\ 1\ 1\ 0\ 1\ 1\ 1\ 1] \tag{6.27}$$

$$\sigma[\mathrm{Row}_{27}(\boldsymbol{L}_3)\boldsymbol{L}_3\boldsymbol{L}_3]=24 \tag{6.28}$$

$$\mathrm{Row}_{27}(\boldsymbol{L}_3)\boldsymbol{L}_1\boldsymbol{L}_1=[0\ 0\ 1\ 0\ 0\ 1\ 1\ 1\ 1\ 0\ 0\ 1\ 0\ 0\ 1\ 1\ 1\ 1\ 1\ 1\ 1\ 1\ 1\ 1\ 1\ 1\ 1] \tag{6.29}$$

$$\sigma[\mathrm{Row}_{27}(\boldsymbol{L}_3)\boldsymbol{L}_3\boldsymbol{L}_1]=19 \tag{6.30}$$

$$\mathrm{Row}_{27}(\boldsymbol{L}_3)\boldsymbol{L}_1\boldsymbol{L}_2=[0\ 0\ 1\ 0\ 0\ 1\ 1\ 1\ 1\ 0\ 0\ 1\ 0\ 0\ 0\ 1\ 0\ 0\ 1\ 1\ 1\ 1\ 0\ 1\ 1\ 0\ 1] \tag{6.31}$$

$$\sigma[\mathrm{Row}_{27}(\boldsymbol{L}_3)\boldsymbol{L}_3\boldsymbol{L}_2]=14 \tag{6.32}$$

$$\mathrm{Row}_{27}(\boldsymbol{L}_3)\boldsymbol{L}_1\boldsymbol{L}_3=[1\ 1\ 1\ 1\ 1\ 1\ 1\ 1\ 1\ 1\ 1\ 1\ 1\ 1\ 0\ 0\ 1\ 1\ 1\ 1\ 1\ 1\ 1\ 0\ 1\ 1\ 1\ 1]$$

$$\sigma[\mathrm{Row}_{27}(\boldsymbol{L}_3)\boldsymbol{L}_3\boldsymbol{L}_3]=24 \tag{6.33}$$

类似于以上步骤，可以计算得到

$$G^3(P_{27})=\{\mathrm{Row}_{27}(\boldsymbol{L}_3)\boldsymbol{L}_3\boldsymbol{L}_1\}$$

$$\textstyle\sum_3=\mathrm{Row}_{27}(\boldsymbol{L}_3)\boldsymbol{L}_3\boldsymbol{L}_1$$

因为 $\sigma[\Sigma_2]=\sigma[\Sigma_3]$，所以 x_d 的最大稳定域是 $\bigcup_2=\Delta_{27}\backslash\{P_{14}\}$。进而，对于任意取定的初始状态 $\boldsymbol{x}(0)\in\bigcup_2$，它都能够被一个适当的输入序列稳定在 $\boldsymbol{x}_d$。例如，当

$\boldsymbol{x}(0)=\boldsymbol{\delta}_{27}^{6}$ 时，可以利用输入序列

$$\boldsymbol{u}(0)=\boldsymbol{\delta}_3^3(\mathrm{Row}_{27}(\boldsymbol{L}_3)]_6=1),\ \ \boldsymbol{u}(t)=\boldsymbol{\delta}_3^1(\boldsymbol{\delta}_3^2\text{或}\boldsymbol{\delta}_3^3),\ \ t\geqslant 1$$

将这一初始状态稳定至 $\boldsymbol{x}_d$。特别地，由 $\mathrm{Row}_{27}(\boldsymbol{L}_3)\boldsymbol{L}_3\boldsymbol{L}_1$ 可知，所有初始状态 $\boldsymbol{x}(0)\in\bigcup_2$ 都能够被通用的输入序列

$$\boldsymbol{u}(0)=\boldsymbol{\delta}_3^1,\ \ \boldsymbol{u}(1)=\boldsymbol{u}(2)=\boldsymbol{\delta}_3^3,\ \ \boldsymbol{u}(t)=\boldsymbol{\delta}_3^1(\boldsymbol{\delta}_3^2\text{或}\boldsymbol{\delta}_3^3),\ \ t\geqslant 3$$

稳定至 $\boldsymbol{x}_d$。换言之，侦探只要采取如下策略方案：先否认、后坦白，而后可以随意选取策略，这样就可以使所有其他玩家最终坦白。

【注释 6.4】

如果将一个 27 维行向量和一个 27 维列向量相乘视为一个计算单位的话，那么利用文献[71]的定理 3.5 求解上述问题，必须至少花费 85293 个单位的计算量。然而，利用本章的算法 6.1 只需消耗 243 个计算单位和 4 次比较计算。

【注释 6.5】

为了很好地说明本章所提出算法的有效性，例 6.2 采用了 S_4 网络结构，该网络只包含 4 个节点。其实，只要结构矩阵 $\bar{\boldsymbol{L}}$ 能被计算，那么算法 6.1 和算法 6.2 就可以适合于任意网络，如 $S_i\times S_j$、$R_i\times R_j$（参考文献[18]）等。

下面，利用算法 6.4 设计状态反馈控制器。根据上述计算结果可知

$$G^2(P_{27})=\{\mathrm{Row}_{27}(\boldsymbol{L}_3)\boldsymbol{L}_1,\ \ \mathrm{Row}_{27}(\boldsymbol{L}_3)\boldsymbol{L}_3\}$$

从 $G^2(P_{27})$ 中任意取一向量，如 $\mathrm{Row}_{27}(\boldsymbol{L}_3)\boldsymbol{L}_3$。根据向量 $\mathrm{Row}_{27}(\boldsymbol{L}_3)$ 中各个正数的位置，取

$$\mathrm{Col}_j(\boldsymbol{H})=\boldsymbol{\delta}_3^3,\quad j=3,6,7,8,9,12,16,18,19,20,21,22,24,25,26,27 \tag{6.34}$$

计算

$$\begin{aligned}&\mathrm{Row}_{27}(\boldsymbol{L}_3)\boldsymbol{L}_3-\Sigma^{(1,27)}\\&=[1\ 1\ 0\ 1\ 1\ 0\ 0\ 0\ 0\ 1\ 1\ 0\ 1\ 0\ 0\ 0\ 1\ 0\ 0\ 0\ 0\ 0\ 0\ 0\ 0\ 0\ 0]\end{aligned} \tag{6.35}$$

于是，根据 $\mathrm{Row}_{27}(\boldsymbol{L}_3)-\Sigma^{(1,27)}$ 中正数的位置，取

$$\mathrm{Col}_j(\boldsymbol{H})=\boldsymbol{\delta}_3^3,\ \ j=1,2,4,5,10,11,13,17 \tag{6.36}$$

现在考虑 $G^2(P_{27})$ 的另一向量 RT $\mathrm{Row}_{27}(\boldsymbol{L}_3)\boldsymbol{L}_1$。因为 $\mathrm{Row}_{27}(\boldsymbol{L}_3)$ 在上面已经考虑过了，故不再对此进行讨论。计算

$$\begin{aligned}&\mathrm{Row}_{27}(\boldsymbol{L}_3)\boldsymbol{L}_1-(\Sigma^{(1,27)}+\mathrm{Row}_{27}(\boldsymbol{L}_3)\boldsymbol{L}_3)\\&=[-1\ -1\ -1\ -1\ -1\ -1\ -1\ -1\ -1\ -1\ -1\ -1\ -1\\&\quad 0\ 1\ -1\ 0\ -1\ -1\ -1\ -1\ -1\ 1\ -1\ -1\ -1\ -1]\end{aligned} \tag{6.37}$$

于是，

$$\mathrm{Col}_j(\boldsymbol{H})=\boldsymbol{\delta}_3^1,\ \ j=15,23 \tag{6.38}$$

$\boldsymbol{H}$ 中剩下的列向量 $\mathrm{Col}_{14}(\boldsymbol{H})$ 可以任意选取，如取 $\mathrm{Col}_{14}(\boldsymbol{H})=\boldsymbol{\delta}_3^2$。将式(6.34)、

式(6.36)和式(6.38)结合，从而得到一个状态反馈镇定器的向量形式：

$$\begin{aligned} &\boldsymbol{u}(t)=\boldsymbol{H}\boldsymbol{x}(t) \\ &\boldsymbol{H}=\delta_3[3\ 3\ 3\ 3\ 3\ 3\ 3\ 3\ 3\ 3\ 3\ 3\ 3 \\ &\qquad 2\ 1\ 3\ 3\ 3\ 3\ 3\ 3\ 3\ 1\ 3\ 3\ 3\ 3] \end{aligned} \tag{6.39}$$

可以验证所有初始状态 $\boldsymbol{x}(0)\in\bigcup^{(2,27)}$ 都可以通过状态反馈控制器式(6.39)稳定至 $\boldsymbol{x}_d$。例如，当博弈的初始状态选择为 $\boldsymbol{x}(0)=\delta_{27}^{15}$ 时，即(否认、答非所问、坦白)，则该博弈的状态-控制轨迹 $(\boldsymbol{x},\ \boldsymbol{u})$ 为

$$\begin{aligned} &(\boldsymbol{x}(0),\ \boldsymbol{u}(0))=(\delta_{27}^{15},\ \delta_3^1),(\boldsymbol{x}(1),\ \boldsymbol{u}(1))=(\delta_{27}^{18},\ \delta_3^3) \\ &(\boldsymbol{x}(t),\ \boldsymbol{u}(t))=(\delta_{27}^{27},\ \delta_3^3),\ t\geqslant 2 \end{aligned} \tag{6.40}$$

也就是说，如果侦探采取先“否认”再“坦白”的策略，其他玩家最终都将选择“坦白”。

6.6 本章小结

本章提出了反向转移方法，并将其用于研究逻辑动态网络的稳定化问题。用此方法，本章给出了一些等价的稳定化条件，提供了求解不动点的最大稳定域方法。根据这些条件发展了相应的稳定化算法。通过理论分析发现，本章所提出的算法明显减少了现有稳定化方法的计算复杂度。最后，通过一些实际例子说明结果的有效性及其优势。

第 7 章　概率布尔控制网络的集合稳定性和稳定化

前几章介绍的都是关于确定性布尔网络的同步化问题和相应的解决方法。然而，很多实际系统，如生物系统，其外部扰动通常呈现出一定的不确定性。在这种情况下，如果还采用确定性布尔网络建模就不太合适了。在此背景下 Shmulevich 等提出了概率布尔网络(probabilistic Boolean network，PBN)模型[59,106]。这是一种可以有效描述不确定性的布尔网络。

本章主要讨论概率布尔网络的稳定性问题。理论结果主要来自文献[107]。首先，介绍概率布尔控制网络的集合稳定化定义，给出集合可稳定化的条件。然后，在满足目标集合可稳定化的条件下，给出系统镇定器的设计方法。最后，通过实例说明本章所得结果的可行性。

7.1　引　　言

概率布尔网络也是由若干节点按照一定方式连接而成的。这些节点在每一离散时间点上，都需要从各自的逻辑函数集合中按照确定的概率分布随机选取并作为其更新规则。此外，系统在更新状态时只依赖于当前时刻的状态，而与之前的状态信息无关。因此，概率布尔网络实际上由一组布尔网络构成，其中每个成员网络都被赋予了一个相应的选择概率。根据文献[59]的假设，这些成员网络之间是相互独立的。

另外，带有外部输入的概率布尔网络通常称为概率布尔控制网络(probabilistic Boolean control network，PBCN)。概率布尔控制网络同样由一组节点通过逻辑函数构成。这些节点包含状态节点和输入节点，其中每个状态节点分别对应一个由逻辑函数构成的集合。概率布尔控制网络本质上是一种带有控制项的马尔可夫链。这种网络除能够有效建模生物系统外，还可以表示许多真实系统，如信用违约系统[108,109]、制造系统[110,111]等。

概率布尔(控制)网络的一般数学模型形如式(1.47)，这在第 1 章中已经进行了介绍。为了讨论方便，下面重新给出，即

$$\begin{cases} x_1(t+1) = f_1(u_1(t),\cdots,u_m(t),x_1(t),\cdots,x_n(t)) \\ x_2(t+1) = f_2(u_1(t),\cdots,u_m(t),x_1(t),\cdots,x_n(t)) \\ \cdots\cdots \\ x_n(t+1) = f_n(u_1(t),\cdots,u_m(t),x_1(t),\cdots,x_n(t)) \end{cases} \tag{7.1}$$

本章讨论如何设计一种形如式(7.2)的状态反馈控制器，使得网络式(7.1)在此控制器的作用下，最终能稳定到目标状态。

$$\begin{cases} u_1(t) = h_1(x_1(t),x_2(t),\cdots,x_n(t)) \\ u_2(t) = h_2(x_1(t),x_2(t),\cdots,x_n(t)) \\ \cdots\cdots \\ u_m(t) = h_m(x_1(t),x_2(t),\cdots,x_n(t)) \end{cases} \tag{7.2}$$

其中，$h_i:\mathcal{D}^n \to \mathcal{D}(i=1,2,\cdots,m)$ 为需要设计的逻辑函数。

为了得到概率布尔网络的代数模型，定义状态 $\boldsymbol{x}(t)=\ltimes_{i=1}^{n}\boldsymbol{x}_i(t)\in\Delta_{2^n}$。从而式(7.1)(PBCN)可以等价地转换成其代数形式，即

$$\boldsymbol{x}(t+1)=\boldsymbol{L}(t)\boldsymbol{u}(t)\boldsymbol{x}(t) \tag{7.3}$$

其中，$\boldsymbol{L}(t)$ 为 t 时刻系统按照概率分布从 $\{\boldsymbol{L}_1,\cdots,\boldsymbol{L}_i,\cdots,\boldsymbol{L}_N\}$ 中选择的一个矩阵，而且选择 $\boldsymbol{L}_i$ 的概率记作 P_i；$\boldsymbol{L}_i$ 为第 i 个可能网络的结构矩阵，代表一个可能网络，对应于 $\boldsymbol{K}$ 的第 i 行。

对式(7.3)等号两端同时取期望值，得

$$E(\boldsymbol{x}(t+1)=\boldsymbol{L}\boldsymbol{u}(t)E(\boldsymbol{x}(t)) \tag{7.4}$$

其中，$\boldsymbol{L}$ 为 N 个可能矩阵 $\{\boldsymbol{L}_1,\cdots,\boldsymbol{L}_i,\cdots,\boldsymbol{L}_N\}$ 的期望值，即

$$\boldsymbol{L}=\sum_{i=1}^{N}P_i\boldsymbol{L}_i \tag{7.5}$$

类似地，式(7.2)的代数形式可以表示为

$$\boldsymbol{u}(t)=\boldsymbol{H}\boldsymbol{x}(t) \tag{7.6}$$

其中，$\boldsymbol{H}$ 为待设计的结构矩阵(反馈增益矩阵)。

【注释 7.1】

(1)因为随机矩阵的每个列向量的和等于 1，所以式(7.5)中的矩阵 $\boldsymbol{L}$ 是一个随机矩阵，而非逻辑矩阵。这表明 PBCN 的动态性比确定性布尔控制网络(Boolean control network，BCN)更为复杂。毫无疑问，这种复杂性增加了数学分析的困难。

(2)将随机矩阵 $\boldsymbol{L}$ 按照如下方式分割成 2^m 个方块：

$$\boldsymbol{L} = [\boldsymbol{L}^{(1)}\cdots\boldsymbol{L}^{(i)}\cdots\boldsymbol{L}^{(2^m)}]$$

其中，所有 $\boldsymbol{L}^{(i)}$ 都是 $2^n\times 2^n$ 的随机矩阵。由式(7.4)可知，

$$P(\boldsymbol{x}(t+1)=\boldsymbol{\delta}_{2^n}^{j}\mid\boldsymbol{x}(t)=\boldsymbol{\delta}_{2^n}^{i},\boldsymbol{u}=\boldsymbol{\delta}_{2^m}^{\mu})=\boldsymbol{L}_{ji}^{(\mu)}$$

因此，$\boldsymbol{L}_{ji}^{(\mu)}$ 是关于常数控制 $\boldsymbol{u}=\boldsymbol{\delta}_{2^m}^{\mu}$ 的一步状态转移概率矩阵。

本章主要研究概率布尔控制网络的集合稳定化问题，其理论结果可为第 8 章的主-从概率布尔网络的同步化研究提供理论基础。为了保持全书的一致性，目标状态集合表示为

$$M=\{\boldsymbol{\delta}_{2^n}^{m_1},\ \boldsymbol{\delta}_{2^n}^{m_2},\cdots,\boldsymbol{\delta}_{2^n}^{m_\alpha}\} \tag{7.7}$$

7.2 主 要 结 果

首先，给出一些定义。

【定义 7.1】

设 M 是 Δ_{2^n} 的一个子集。如果系统式(7.3)(PBCN)存在状态反馈控制器 $\boldsymbol{u}(t)=\boldsymbol{Hx}(t)$，满足以下条件：

(a)对于任意 $\boldsymbol{x}_0\in M, P(\boldsymbol{x}(t+1)\in M\mid\boldsymbol{x}(t)=\boldsymbol{x}_0,\boldsymbol{u}(t)=\boldsymbol{Hx}(t))=1$ 成立；

(b)对于任意 $\boldsymbol{x}_0\in\Delta_{2^n}$ 存在一正整数 k，使得

$$P(\boldsymbol{x}(t+k)\in M\mid\boldsymbol{x}(t)=\boldsymbol{x}_0,\boldsymbol{u}(t)=\boldsymbol{Hx}(t))=1$$

则称式(7.3)(PBCN)可以通过反馈控制按概率 1 稳定于集合 M。

【定义 7.2】

设 M 是 Δ_{2^n} 的一个子集。如果对于任意一个 $\boldsymbol{x}_0\in M$，系统式(7.3)总存在一个对应的常数控制 $\boldsymbol{u}=\boldsymbol{\delta}_{2^m}^{\mu}$，使得 $P(\boldsymbol{x}(t+1)\in M\mid\boldsymbol{x}(t)=\boldsymbol{x}_0,\boldsymbol{u}=\boldsymbol{\delta}_{2^m}^{\mu})=1$，那么称 M 为系统的控制不变子集。

【注释 7.2】

集合稳定是指无论其初始状态是什么，系统式(7.3)都可以被适当的状态反馈控制器驱动至控制不变子集，且在相同控制器下，系统不可能(准确地说，概率为 0)离开上述控制不变子集。

定义 7.1 不是文献中关于 BCNs 集合稳定性的自然推广，原因如下。

(1)定义 7.1 是按照概率 1 来定义 PBCN 的集合稳定性。这一定义不同于确定性 BCN 的集合稳定性，因为 PBCN 是一种随机模型，而 BCN 是确定性的。

(2)定义 7.1 的条件(a)是必要的。事实上，集合稳定性的概念应该是传统系统稳定性的自然延伸，包括不动点稳定性和极限环稳定性。我们注意到不动点和极限环都是控制不变子集，因此传统的稳定性定义满足条件(a)。此外，文献中提出的集合稳定化方案[21,112-114]主要关注求解一个给定集合的最大控制不变子集，所以把条件(a)包含在扩展的集合稳定性定义里是合理的。

(3)与 Liu 等[21,112-114]给出的开环控制集合稳定性不同，定义 7.1 给出的是关于 PBCN 闭环控制集合的稳定性概念。由于 PBCN 的随机性，闭环控制的集合稳定性比开环控制的集合稳定性具有更小的保守性。也就是说，对于 PBCN，开环

控制集合稳定性意味着闭环控制集合稳定性，但是反之则不成立。例如，考虑一个 PBCN（为了叙述方便，这里采用系统的代数形式）：

$$\boldsymbol{x}(t+1)=\boldsymbol{L}(t)\boldsymbol{u}(t)\boldsymbol{x}(t) \tag{7.8}$$

其中，$\boldsymbol{L}(t)$ 为 t 时刻从 $\{\boldsymbol{L}_1,\boldsymbol{L}_2\}$ 中任意选取的结构矩阵，其中，

$$\boldsymbol{L}_1=\boldsymbol{\delta}_4[1,2,1,1,4,1,3,2],\quad P=0.7$$

$$\boldsymbol{L}_2=\boldsymbol{\delta}_4[1,2,1,2,4,1,3,2],\quad P=0.3$$

下面取一个控制不变子集 $M=\{\boldsymbol{\delta}_4^1\}$ 分别通过闭环控制和开环控制来分析系统式（7.8）的集合稳定性。在系统式（7.8）的两边取期望值

$$E\boldsymbol{x}(t+1)=\boldsymbol{L}\boldsymbol{u}(t)E\boldsymbol{x}(t)$$

其中，

$$\begin{aligned}\boldsymbol{L}&=\boldsymbol{L}_1\times 0.7+\boldsymbol{L}_2\times 0.3\\&=\boldsymbol{\delta}_4[1,2,1,1,4,1,3,2]\times 0.7+\boldsymbol{\delta}_4[1,2,1,2,4,1,3,2]\times 0.3\\&=\begin{bmatrix}1&0&1&0.7&0&1&0&0.3\\0&1&0&0.3&0&0&0&0.7\\0&0&0&0&0&0&1&0\\0&0&0&0&1&0&0&0\end{bmatrix}\end{aligned}$$

容易验证，式（7.8）（PBCN）通过闭环控制，若 $\boldsymbol{u}(t)=\delta_2[1,2,1,1]\boldsymbol{x}(t)$，则能够稳定在 M。但由于初始状态 $\boldsymbol{x}_0=\boldsymbol{\delta}_4^4$ 不能按照概率 1 被驱动至 $\boldsymbol{\delta}_4^1$，所以系统不能利用开环控制方式稳定在集合 M。

从定义 7.1 和定义 7.2 可知，如果式（7.3）（PBCN）是集合 M 稳定的，那么 M 一定是系统式（7.3）的一个控制不变子集。所以，控制不变子集对于系统式（7.3）的集合稳定性来说是一个重要概念。需要注意的是，任意两个控制不变子集的并集仍然是控制不变子集。当目标状态集合 M 不是控制不变子集时，定义 M 的最大控制不变子集为包含在 M 中的所有控制不变子集的并集，记为 $I(M)$。

下面给出一个用来计算最大控制不变子集 $I(M)$ 的算法。在叙述这一方法之前，需要将式（7.4）中的矩阵 $\boldsymbol{L}$ 拆分成 2^m 方块，即 $\boldsymbol{L}=[\boldsymbol{L}^{(1)}\cdots\boldsymbol{L}^{(r)}\cdots\boldsymbol{L}^{(2m)}]$，其中，所有 $\boldsymbol{L}^{(r)}(r=1,2,\cdots,2^m)$ 都是 $2^n\times 2^n$ 随机矩阵。

【算法 7.1】

• 步骤 1　对于任意状态 $\boldsymbol{\delta}_{2^n}^i\in M_k$，如果存在 $\boldsymbol{L}^{(\mu)}$ 使得 $\sum\limits_{\delta_{2^n}^j\in M_k}\boldsymbol{L}_{ji}^{(\mu)}=1$，其中 $M_0=M$，那么 $\boldsymbol{\delta}_{2^n}^i$ 保留在 M_k 中。否则，用 $M_k\setminus\{\boldsymbol{\delta}_{2^n}^i\}$ 替换 M_k，并返回步骤 1，直到不再有状态能从 M_k 中删除。 此时，用 k+1 代替 k，进入步骤 2。

• 步骤 2　检查 $M_k=M_{k+1}$ 是否成立。如果成立，那么停止，记 $I(M)=M_{k+1}$；否则，返回步骤 1。

【命题 7.1】

式(7.3)(PBCN)可以由闭环控制器从任意初始状态驱动至 M 并永远驻留在 M 的充分必要条件是式(7.3)(PBCN)可通过闭环控制按概率 1 稳定到最大控制不变子集 $I(M)$。

证明 充分性显而易见。这里主要证明它的必要性。假设存在控制器 $\boldsymbol{u}(t)=\boldsymbol{H}\boldsymbol{x}(t)$ 可以驱动系统从任意状态转移至目标集合 M，并保留在此集合中。由于状态空间的有限性，所以一定存在一个正整数 T，使得对于任意初始状态 $\boldsymbol{x}_0$，有

$$P(\boldsymbol{x}(T+k)\in M|\boldsymbol{x}(0)=\boldsymbol{x}_0,\boldsymbol{u}(t)=\boldsymbol{H}\boldsymbol{x}(t))=1,\quad k=0,1,2,\cdots$$

定义一个集合 $M_T=\{\boldsymbol{x}(T):\boldsymbol{x}(0)=\boldsymbol{x}_0,\ \boldsymbol{u}(t)=\boldsymbol{H}\boldsymbol{x}(t),\ \forall\boldsymbol{x}_0\in\Delta_{2^n}\}$。很容易验证 M_T 是包含在 M 中的一个控制不变子集。显然，$M_T\subseteq I(M)$。另外，由定义 7.1 可知，式(7.3)(PBCN)通过控制器 $\boldsymbol{u}(t)=\boldsymbol{H}\boldsymbol{x}(t)$ 稳定到 M_T，故必要性得以证明。

对于目标集 M，构造一个集合序列。记 $R_0(M)=M$，并定义 $R_k(M)=\{\boldsymbol{x}_0$: ∃ $\boldsymbol{u}=\delta_{2^m}^{\mu}$，使得

$$P(\boldsymbol{x}(t+1)\in R_{k-1}(M)|\boldsymbol{x}(t)=\boldsymbol{x}_0,\boldsymbol{u}=\delta_{2^m}^{\mu})=1 \tag{7.9}$$

特别地，当 M 只包含一个元素时，如 $M=\{\boldsymbol{x}^*\}$，可简单地写作 $R_k(\boldsymbol{x}^*)$。

【命题 7.2】

对于 Δ_{2^n} 的子集 M，$M\subseteq R_1(M)$，当且仅当 M 为系统式(7.3)的控制不变子集。

证明 充分性是显然的，在此不做证明。这里只证明它的必要性。由于 M 是系统式(7.3)的一个控制不变子集，所以对于任意的 $\boldsymbol{x}_0\in M$，存在一个常数控制 $\boldsymbol{u}=\delta_{2^m}^{\mu}$，使得

$$P(x(t+1)\in M\mid\boldsymbol{x}(t)=\boldsymbol{x}_0,\boldsymbol{u}=\delta_{2^m}^{\mu})=1 \tag{7.10}$$

可以发现，式(7.10)蕴含了 $\boldsymbol{x}_0\in R_1(M)$。进一步，由于选择的 $\boldsymbol{x}_0$ 具有任意性，说明 $M\subseteq R_1(M)$。

为了叙述方便，目标状态集合 M 通常设为一个控制不变子集。事实上，在命题 7.1 和算法 7.1 的基础上，这种假定并不失一般性。

【命题 7.3】

对于系统式(7.3)的控制不变子集 M，如式(7.7)所示，有如下结论：

(1) $R_k(M)\subseteq R_{k+1}(M),k=1,2,\cdots$；

(2) 如果存在某一非负整数 k，满足 $R_k(M)=R_{k+1}(M)$，那么

$$R_k(M)=R_{k+i}(M),\quad i=1,2,\cdots$$

一定成立，其中，$R_0(M)=M$。

(3) 存在一个非负整数 $k\leqslant 2^n-\alpha$，使得 $R_k(M)=R_{k+1}(M)$。

证明 由命题 7.2 可知，第(1)部分的结论是显然成立的。下面用反证法证明

第(2)部分。假设结论(2)是错误的。从结论(1)开始，必须有一个正整数τ，满足

$$R_k(M)=R_{k+1}(M)=\cdots=R_{k+\tau}(M)=R_{k+\tau+1}(M)$$

取状态点$\boldsymbol{x}_0\in R_{k+\tau+1}(M)\setminus R_{k+\tau}(M)$，则存在一个常数控制$\boldsymbol{u}=\delta_{2^m}^{\mu}$，使

$$P(\boldsymbol{x}(t+1)\in R_{k+\tau}(M)\mid \boldsymbol{x}(t)=\boldsymbol{x}_0,\ \boldsymbol{u}=\delta_{2^m}^{\mu})=1 \tag{7.11}$$

但同时对于任意常数控制$\boldsymbol{u}=\delta_{2^m}^{\nu}$，下面的不等式成立

$$P(\boldsymbol{x}(t+1)\in R_{k+\tau-1}(M)\mid \boldsymbol{x}(t)=\boldsymbol{x}_0,\boldsymbol{u}=\delta_{2^m}^{\nu})\neq 1 \tag{7.12}$$

因为$R_{k+\tau-1}(M)$=$R_{k+\tau}(M)$，式(7.12)可以重写为

$$P(\boldsymbol{x}(t+1)\in R_{k+\tau-1}(M)\mid \boldsymbol{x}(t)=\boldsymbol{x}_0,\ \boldsymbol{u}=\delta_{2^m}^{\mu})=1$$

这与式(7.12)矛盾。

对于第(3)部分，因为系统式(7.3)只有2^n的不同状态和α个目标状态，所以它是第(1)和第(2)部分的直接结果。

【注释 7.3】

对于一个控制不变子集M，命题 7.3 保证一定存在一个非负整数$k\leqslant 2n-\alpha$，使得

$$M\subset R_1(M)\subset R_2(M)\subset\cdots\subset R_k(M)\subset R_{k+1}(M)\subset R_{k+\tau}(M)=\cdots \tag{7.13}$$

当式(7.13)中的$R_k(M)$满足$R_k(M)=\Delta_{2^n}$时，可以把Δ_{2^n}表示为$k+1$个互不相交子集的并集，即

$$\Delta_{2^n}=M\cup(R_1(M)\setminus M)\cup\cdots\cup(R_k(M)\setminus R_{k-1}(M)) \tag{7.14}$$

下面给出关于系统式(7.3)的集合稳定化条件。在此之前，需要引入一个引理。

【引理 7.1】

设M为式(7.3)的控制不变子集，对于状态$\boldsymbol{x}_0\in\Delta_{2^n}$，如果存在正整数$k$和反馈矩阵$\boldsymbol{H}$，使得$P(\boldsymbol{x}(t+k)\in M\mid \boldsymbol{x}(t)=\boldsymbol{x}_0,\ \boldsymbol{u}(t)=\boldsymbol{H}\boldsymbol{x}(t))=1$，那么有$\boldsymbol{x}_0\in R_k(M)$。

证明　用归纳法证明。当$k=1$时，显然$\boldsymbol{x}_0\in R_1(M)$。假设当$k=\lambda$时结论成立。下面考虑$k=\lambda+1$的情况。根据状态转移概率矩阵的定义，下面两个式子是成立的，即

$$\begin{aligned}&P(\boldsymbol{x}(t+\lambda+1)\in M\mid \boldsymbol{x}(t)=\boldsymbol{x}_0,\ \boldsymbol{u}(t)=\boldsymbol{H}\boldsymbol{x}(t))\\&=\sum_{j=1}^{2^n}P(\boldsymbol{x}(t+1)=\delta_{2^n}^{j}\mid \boldsymbol{x}(t)=\boldsymbol{x}_0,\ \boldsymbol{u}(t)=\boldsymbol{H}\boldsymbol{x}(t))P(\boldsymbol{x}(t+\lambda+1)\in M\mid \boldsymbol{x}(t+1)=\delta_{2^n}^{j},\\&\boldsymbol{u}(t+1)=\boldsymbol{H}\boldsymbol{x}(t+1))\end{aligned}$$

和

$$\sum_{j=1}^{2^n}P(\boldsymbol{x}(t+1)=\delta_{2^n}^{j}\mid \boldsymbol{x}(t)=\boldsymbol{x}_0,\ \boldsymbol{u}(t)=\boldsymbol{H}\boldsymbol{x}(t))=1 \tag{7.15}$$

基于这两个关系式，$P(\boldsymbol{x}(t+\lambda+1)\in M\mid \boldsymbol{x}(t)=\boldsymbol{x}_0,\ \boldsymbol{u}(t)=\boldsymbol{H}\boldsymbol{x}(t))$=1蕴含了如果$P(\boldsymbol{x}(t+1)=\delta_{2^n}^{j}\mid \boldsymbol{x}(t)=\boldsymbol{x}_0,\ \boldsymbol{u}(t)=\boldsymbol{H}\boldsymbol{x}(t))\neq 0$，则

$$P(\boldsymbol{x}(t+\lambda+1)\in M \mid \boldsymbol{x}(t+1)=\delta_{2^n}^j,\ \boldsymbol{u}(t+1)=\boldsymbol{Hx}(t+1))=1$$

由假设条件可知，$\delta_{2^n}^j \in R_\lambda(M)$，再结合式(7.15)，表示$\boldsymbol{x}_0 \in R_{\lambda+1}(M)$。

【定理 7.1】

对于一个如式(7.7)所示的集合$M \subseteq \Delta_{2^n}$，式(7.3)(PCBN)能通过闭环控制按照概率 1 稳定到集合M，当且仅当存在一个非负整数$k \leqslant 2^n-\alpha$，使得

(i) $M \subseteq R_1(M)$;

(ii) $R_k(M)=\Delta_{2^n}$。

证明 (必要性) 对于第(i)部分，它是定义 7.1、定义 7.2 及命题 7.2 的直接结果。下面证明第(ii)部分。假设系统可以通过状态反馈控制器$\boldsymbol{u}(t)=\boldsymbol{Hx}(t)$稳定到集合$M$。那么，对于任意初始状态$\boldsymbol{x}_0 \in \Delta_{2^n}$，存在一个正整数$k$，使得

$$P(\boldsymbol{x}(k)\in M \mid \boldsymbol{x}(0)=\boldsymbol{x}_0,\ \boldsymbol{u}(t)=\boldsymbol{Hx}(t))=1$$

由引理 7.1 可知，$\boldsymbol{x}_0 \in R_k(M)$。这蕴含了$\Delta_{2^n} \subseteq R_k(M)$。另外，$R_k(M) \subseteq \Delta_{2^n}$，所以有$R_k(M)=\Delta_{2^n}$。至于$k$所在的范围$k \leqslant 2^n-\alpha$完全可以从命题 7.3 直接得到。

(充分性) 由条件(i)和命题 7.2 可知，M是一个控制不变子集。下面分两步来证明其充分性。首先，构造状态反馈控制器$\boldsymbol{u}(t)=\boldsymbol{Hx}(t)$。对于反馈矩阵$\boldsymbol{H}$的每一列，将分两种情况给出说明。

当$\delta_{2^n}^i \in M$时，由定义 7.2 可知，存在一个常数控制$\boldsymbol{u}=\delta_{2^m}^{u_i}$，使得$P(\boldsymbol{x}(t+1)\in M \mid \boldsymbol{x}(t)=\delta_{2^n}^i, \boldsymbol{u}=\delta_{2^m}^{\mu_i})=1$。此时，取$\mathrm{Col}_i(\boldsymbol{H})=\delta_{2^m}^{\mu_i}$。

当$\delta_{2^n}^i \in \Delta_{2^n}\setminus M$时，存在一个正整数$r_i$，使得$\delta_{2^n}^i \in R_{r_i}(M)$但$\delta_{2^n}^i \notin R_{r_i\text{-}1}(M)$，其中，$R_0(M)=M$。根据$R_{r_i}(M)$的定义，存在一个常数控制$\boldsymbol{u}=\delta_{2^m}^{\mu_i}$，使得$P(\boldsymbol{x}(t+1)\in R_{r_i-1}(M) \mid \boldsymbol{x}(t)=\delta_{2^n}^i, \boldsymbol{u}=\delta_{2^m}^{\mu_i})=1$。此时，取$\mathrm{Col}_i(\boldsymbol{H})=\delta_{2^m}^{\mu_i}$。

下面证明上述控制器的有效性。对于任意初始状态$\delta_{2^n}^i \in \Delta_{2^n}$，也分两种情况考虑。

当$\delta_{2^n}^i \in M$时，根据上述设计方案的第一种情况，有

$$P(\boldsymbol{x}(1)\in M \mid \boldsymbol{x}(0)=\delta_{2^n}^i, \boldsymbol{u}=\mathrm{Col}_i(\boldsymbol{H}))=1$$

从M中选择$\delta_{2^n}^i$的任意性表明，闭环系统式(7.4)～式(7.6)将永远驻留在M中。

当$\delta_{2^n}^i \in \Delta_{2^n}\setminus M$时，根据上述条件(ii)可以得到$\delta_{2^n}^i \in R_k(M)\setminus M$。由式(7.14)可知，存在唯一一个正整数$r_i \leqslant k$，使得$\delta_{2^n}^i \in R_{r_i}(M)$成立，但$\delta_{2^n}^i \notin R_{r_i-1}(M)$。

下面通过归纳法证明，如果系统式(7.3)从初始状态$\delta_{2^n}^i$出发，那么它在上述设计的控制器作用下，一定能够在第r_i步进入M。首先，当$r_i=1$时，根据上述设计方案的第二种情况，有

$$P(\boldsymbol{x}(1)\in M \mid \boldsymbol{x}(0)=\delta_{2^n}^i, \boldsymbol{u}=\mathrm{Col}_i(\boldsymbol{H}))=1$$

其次，当 $r_i=\lambda$ 时，假设结论是正确的，即

$$P(\boldsymbol{x}(\lambda)\in M\mid \boldsymbol{x}(0)=\boldsymbol{\delta}_{2^n}^i,\boldsymbol{u}=\boldsymbol{H}\boldsymbol{x}(t))=1$$

等价地有

$$P(\boldsymbol{x}(\lambda)\in M\mid \boldsymbol{x}(0)\in R_\lambda(M),\boldsymbol{u}=\boldsymbol{H}\boldsymbol{x}(t))=1 \tag{7.16}$$

下面证明，当 $r_i=\lambda+1$ 时，结论仍然成立。注意到

$$\begin{aligned}P(\boldsymbol{x}(\lambda+1)\in M\mid \boldsymbol{x}(0)=\boldsymbol{\delta}_{2^n}^i,\boldsymbol{u}=\boldsymbol{H}\boldsymbol{x}(t))&=\sum_{j=1}^{2^n}P(\boldsymbol{x}(1)=\boldsymbol{\delta}_{2^n}^i\mid \boldsymbol{x}(0)=\boldsymbol{\delta}_{2^n}^i,\ \boldsymbol{u}=\mathrm{Col}_i(\boldsymbol{H}))\\&=P(\boldsymbol{x}(\lambda+1)\in M\mid \boldsymbol{x}(1)=\boldsymbol{\delta}_{2^n}^j,\boldsymbol{u}=\boldsymbol{H}\boldsymbol{x}(t))\end{aligned} \tag{7.17}$$

根据上述设计方案的第二种情况，有

$$P(\boldsymbol{x}(1)\in R_\lambda(M)\mid \boldsymbol{x}(0)=\boldsymbol{\delta}_{2^n}^i,\ \boldsymbol{u}=\mathrm{Col}_i(\boldsymbol{H}))=1$$

相当于

$$\sum_{\boldsymbol{\delta}_{2^n}^j\in R_\lambda(M)}P(\boldsymbol{x}(1)=\boldsymbol{\delta}_{2^n}^i\mid \boldsymbol{x}(0)=\boldsymbol{\delta}_{2^n}^i,\ \boldsymbol{u}=\mathrm{Col}_i(\boldsymbol{H}))=1 \tag{7.18}$$

另外，由式(7.18)可知，有

$$P(\boldsymbol{x}(\lambda+1)\in M\mid \boldsymbol{x}(1)\in R_\lambda(M),\boldsymbol{u}=\boldsymbol{H}\boldsymbol{x}(t))=1 \tag{7.19}$$

将式(7.17)～式(7.19)合并，得到

$$P(\boldsymbol{x}(\lambda+1)\in M\mid \boldsymbol{x}(1)\in R_\lambda(M),\ \boldsymbol{u}=\boldsymbol{H}\boldsymbol{x}(t))=1$$

从而得出结论。由此根据第一种情况的分析结果即可说明控制器的有效性。

定理 7.1 中关于充分性的证明过程其实已经给形如式(7.3)的状态反馈控制器提供了一个构造性的设计方法。现在把它整理成算法的形式。

【算法 7.2】

假设形如式(7.9)的集合 M 满足定理 7.1 中的条件(i)和条件(ii)。状态反馈控制器式(7.8)中的反馈矩阵 $\boldsymbol{H}$ 可按以下步骤设计。

步骤 1　对于列向量 $\mathrm{Col}_i(\boldsymbol{H})$，若 $\boldsymbol{\delta}_{2^n}^i\in M$，则找一个满足 $P(\boldsymbol{x}(t+1)\in M\mid \boldsymbol{x}(t)=\boldsymbol{\delta}_{2^m}^{\mu_i})=1$ 要求的常数控制 $\boldsymbol{u}=\boldsymbol{\delta}_{2^m}^{\mu_i}$，并设置 $\mathrm{Col}_i(\boldsymbol{H})=\boldsymbol{\delta}_{2^m}^{\mu_i}$。否则，进入下一步。

步骤 2　确定一个正整数 r_i，使得 $\boldsymbol{\delta}_{2^n}^i\in R_{r_i}(M)$ 成立，但 $\boldsymbol{\delta}_{2^n}^i\notin R_{r_i\text{-}1}(M)$，其中 $R_0(M)=M$。找一个满足 $P(\boldsymbol{x}(t+1)\in R_{r_i-1}(M)\mid \boldsymbol{x}(t)=\boldsymbol{\delta}_{2^n}^i,\ \boldsymbol{u}=\boldsymbol{\delta}_{2^m}^{\mu_i})=1$ 要求的常数控制 $\boldsymbol{u}=\boldsymbol{\delta}_{2^m}^{\mu_i}$，并设置 $\mathrm{Col}_i(\boldsymbol{H})=\boldsymbol{\delta}_{2^m}^{\mu_i}$。

【注释 7.4】

(1) 在算法 7.2 中，主要工作是找出与 $\mathrm{Col}_i(\boldsymbol{H})$ 对应的 μ_i。这部分工作相对容易。事实上，从注释 7.1 的第(2)部分可知，元素 $\boldsymbol{L}_{ji}^{(\mu)}$ 表示系统式(7.3)在 $\boldsymbol{u}=\boldsymbol{\delta}_{2^m}^{\mu}$ 作用下从状态 $\boldsymbol{\delta}_{2^n}^i$ 转移至 $\boldsymbol{\delta}_{2^n}^j$ 的概率。因此，在步骤 1 中，μ_i 是满足 $\sum_{j=1}^{\alpha}\boldsymbol{L}_{m_j i}^{(\mu_i)}=1$ 的整

数；在步骤 2 中，μ_i 是满足 $\sum_{\delta_{2^n}^j \in R_{T_i-1}(M)} L_{ji}^{(\mu_i)} = 1$ 的整数。

(2) 由于在计算 μ_i 的过程中存在多解，因此通过算法 7.2 设计的反馈矩阵 $\boldsymbol{H}$ 一般不是唯一的。当 M 是单点集合 $\{\boldsymbol{x}^*\}$ 时，定理 7.1 退化为传统的全局稳定结果。

【推论 7.1】

通过闭环控制，式(7.3)(PCNB)按照概率 1 能稳定在状态 $\boldsymbol{x}^*$ 的充分必要条件是存在非负整数 $k \leqslant 2^n-1$，使得

(1) $\boldsymbol{x}^* \in R_1(\boldsymbol{x}^*)$；

(2) $R_k(x^*) = \Delta_{2^n}$。

同时，当条件(1)和条件(2)得以满足时，可以通过算法 7.2 设计的状态反馈控制器式(7.8)将系统式(7.3)按照概率 1 在 k 步内稳定至 $\boldsymbol{x}^*$。

【注释 7.5】

(1) 算法 7.2 为概率布尔控制网络的状态反馈集合控制器提供了一种构造性的设计方法。因此，它在实际应用中是可行的。

(2) 由算法 7.2 设计的集合镇定器显示了系统式(7.3)从任何初始状态进入 M 的最小过渡时间。因此，本章所提供的集合镇定器是时间最优的控制器。

(3) 定理 7.1 不仅为概率布尔控制网络提供了充分必要的集合稳定性条件，而且从理论上保证了利用算法 7.2 设计的状态反馈集合镇定器都是有效的。所以定理 7.1 实际上为系统式(7.3)的集合镇定器的存在提供了一个充要条件。

(4) 定理 7.1 是基础的也是非常重要的。事实上，正如文献[21]所指出的，一些其他问题，如同步化设计、部分稳定化等，也可以采用本章所提出的方法来处理，因为这些问题都是集合稳定化问题的一些特殊情况。

(5) 本质上，概率布尔网络式(7.3)是以输入 $\boldsymbol{u}(t)$ 作为交换信号的一种交换系统。本章提供了一个简单地设计切换信号的方法，该信号可以保证系统的集合稳定性，而且被设计的信号是以状态反馈控制器的形式给出的。该方法不同于文献[21,112-114]所提供的那些方法，因为它们只适用于确定性逻辑网络，但不能应用于概率布尔网络。

7.3 本章小结

本章讨论了概率布尔控制网络的稳定性和稳定化问题。首先，利用矩阵半张量积将概率布尔控制网络等价地转化为其对应的代数形式。然后，给出了集合稳定性的判定条件及集合镇定器的设计方法。这些结果为第 8 章主-从概率布尔网络的同步化分析及其设计方法的研究提供了理论根据。

第 8 章　主-从概率布尔网络的同步化

本章将讨论一种概率布尔网络的同步化问题，并给出一些同步化判据和设计方法。我们在第 7 章已经介绍了概率布尔控制网络的稳定性及稳定化问题，并提出了有效的解决方法。本章将根据第 7 章的理论结果来分析主-从概率布尔网络的同步化问题。基本思路是将主-从概率布尔网络的同步化问题等价地转化为一个对应的概率布尔控制网络的集合稳定化问题，从而将上述概率布尔控制网络的集合稳定化结果等价地转化为主-从概率布尔网络的同步化结果。

8.1　引　　言

基于耦合布尔网络同步化的重要性，本章将继续讨论一种耦合的概率布尔网络系统(主-从概率布尔网络)的同步化问题。这种网络也是通过设计状态反馈控制器，从而使网络在控制器的作用下最终同步于主网络。这一点与第 7 章介绍的概率布尔控制网络的稳定化设计思想有点类似。因此，在分析本章主-从概率布尔网络的同步化设计方法时，可以参考第 7 章的分析方法和理论结果。

8.2　主 要 结 果

下面是由概率布尔网络(PBN)和概率布尔控制网络(PBCN)组成的主-从概率布尔网络模型：

$$
\begin{cases}
x_1(t+1) = f_1(x_1(t), x_2(t), \cdots, x_n(t)) \\
x_2(t+1) = f_2(x_1(t), x_2(t), \cdots, x_n(t)) \\
\qquad\qquad \cdots\cdots \\
x_n(t+1) = f_n(x_1(t), x_2(t), \cdots, x_n(t))
\end{cases}
\tag{8.1}
$$

$$
\begin{cases}
y_1(t+1) = g_1(u_1(t), \cdots, u_m(t), x_1(t), \cdots, x_n(t), y_1(t), \cdots, y_n(t)) \\
y_2(t+1) = g_2(u_1(t), \cdots, u_m(t), x_1(t), \cdots, x_n(t), y_1(t), \cdots, y_n(t)) \\
\qquad\qquad \cdots\cdots \\
y_n(t+1) = g_n(u_1(t), \cdots, u_m(t), x_1(t), \cdots, x_n(t), y_1(t), \cdots, y_n(t))
\end{cases}
\tag{8.2}
$$

其中，$\boldsymbol{x}_i,\boldsymbol{y}_j,\boldsymbol{u}_k\in\mathcal{D}$；$\boldsymbol{x}_i$ 和 $\boldsymbol{y}_j$ 分别为式(8.1)(PBN)和式(8.2)(PBCN)的状态变量；$\boldsymbol{u}_k$ 为式(8.2)的输入变量；$f_i:\mathcal{D}^n\to\mathcal{D}$ 和 $g_j:\mathcal{D}^{m+2n}\to\mathcal{D}$ 为逻辑函数，在每一离散时间点上分别随机选自集合 $\left\{f_i^1,f_i^2,\cdots,f_i^{\alpha_i}\right\}$ 和 $\left\{g_i^1,g_i^2,\cdots,g_i^{\beta_i}\right\}$，而且 f_i^j 被选择的概率记为 $P\{f_i=f_i^j\}=\overline{P}_i^j$，$g_i^j$ 被选择的概率记为 $P\{g_i=g_i^j\}=\hat{P}_i^j$。因此，$\sum\limits_{j=1}^{\alpha_i}\overline{p}_i^j=\sum\limits_{j=1}^{\beta_i}\hat{p}_i^j=1$。根据文献[59]的假设，主系统和从系统都是相互独立的，即

$$P\{f_i=f_i^\alpha,f_j=f_j^\beta\}=P\{f_i=f_i^\alpha\}\cdot P\{f_j=f_j^\beta\}$$

$$P\{g_i=g_i^\alpha,g_j=g_j^\beta\}=P\{g_i=g_i^\alpha\}\cdot P\{g_j=g_j^\beta\}$$

其中，i，$j\in\{1,2,\cdots,n\}$ 且 $i\neq j$。系统式(8.1)有 $N_1=\prod\limits_{i=1}^{n}\alpha_i$ 个可能网络。下面定义 $N_1\times(n+1)$ 维矩阵：

$$\boldsymbol{K}=\begin{bmatrix}
1 & 1 & \cdots & 1 & 1 & \overline{P}_1=\prod\limits_{j=1}^{n}\overline{p}_j^{K_{1,j}}\\
1 & 1 & \cdots & 1 & 2 & \overline{P}_2=\prod\limits_{j=1}^{n}\overline{p}_j^{K_{2,j}}\\
\vdots & \vdots & & \vdots & \vdots & \vdots\\
1 & 1 & \cdots & 1 & \alpha_n & \overline{P}_{\alpha_n}=\prod\limits_{j=1}^{n}\overline{p}_j^{K_{\alpha_n,j}}\\
1 & 1 & \cdots & 2 & 1 & \overline{P}_{\alpha_n+1}=\prod\limits_{j=1}^{n}\overline{p}_j^{K_{\alpha_n+1,j}}\\
1 & 1 & \cdots & 2 & 2 & \overline{P}_{\alpha_n+2}=\prod\limits_{j=1}^{n}\overline{p}_j^{K_{\alpha_n+2,j}}\\
\vdots & \vdots & & \vdots & \vdots & \vdots\\
1 & 1 & \cdots & 2 & \alpha_n & \overline{P}_{2\alpha_n}=\prod\limits_{j=1}^{n}\overline{p}_j^{K_{2\alpha_n,j}}\\
\vdots & \vdots & & \vdots & \vdots & \vdots\\
\alpha_1 & \alpha_2 & \cdots & \alpha_{n-1} & \alpha_n & \overline{P}_{N_1}=\prod\limits_{j=1}^{n}\overline{p}_j^{K_{N_1,j}}
\end{bmatrix}$$

矩阵 $\boldsymbol{K}$ 的每一行都对应一个可能网络，而且第 i 个可能网络被选上的概率为

$$\overline{P}_i=P\left\{\text{主系统式（8.1）的第}i\text{个可能网络被选中}\right\}=\prod_{j=1}^{n}\overline{p}_j^{K_{i,j}}$$

其中，$K_{i,j}$ 为 K 的第 (i,j) 个元素。类似地，从系统式(8.2)有 $N_2=\prod\limits_{i=1}^{n}\beta_i$ 个可能网络，而且每个可能网络都对应一个被选中的概率，即

$$\hat{P}_i = P\{\text{从系统式(8.2)的第}i\text{个可能网络被选中}\}$$

本章设计的是形如式(8.2)的一种状态反馈控制器，即

$$\begin{cases} u_1(t) = h_1(x_1(t), x_2(t), \ldots, x_n(t), y_1(t), y_2(t), \cdots, y_n(t)) \\ u_2(t) = h_2(x_1(t), x_2(t), \ldots, x_n(t), y_1(t), y_2(t), \cdots, y_n(t)) \\ \qquad \cdots\cdots \\ u_m(t) = h_m(x_1(t), x_2(t), \ldots, x_n(t), y_1(t), y_2(t), \cdots, y_n(t)) \end{cases} \tag{8.3}$$

其中，$h_i : \mathcal{D}^{2n} \to \mathcal{D}(i = 1,2,\cdots,m)$ 为需要设计的逻辑函数。

首先，将 i 表示成 $\boldsymbol{\delta}_2^{2-i}(i = 0,1)$，并定义 $\boldsymbol{x}(t) = \ltimes_{i=1}^n \boldsymbol{x}_i(t) \in \Delta_{2^n}$。然后，采用文献[56]提供的方法将方程式(8.1)等价地转化为

$$\boldsymbol{x}(t+1) = \boldsymbol{F}(t)\boldsymbol{x}(t) \tag{8.4}$$

其中，$\boldsymbol{F}(t)$ 为系统在 t 时刻按照概率分布从 $\{\boldsymbol{F}_1, \boldsymbol{F}_2, \cdots, \boldsymbol{F}_i, \cdots, \boldsymbol{F}_{N_1}\}$ 中选择的一个矩阵；$\boldsymbol{F}_i \in \mathcal{L}_{2^n \times 2^n}$ 为第 i 个可能网络的结构矩阵，其被选中的概率记为 $\overline{P}_i$。

类似地，定义 $\boldsymbol{y}(t) = \ltimes_{i=1}^n \boldsymbol{y}_i(t) \in \Delta_{2^n}$ 和 $\boldsymbol{u}(t) = \ltimes_{i=1}^m \boldsymbol{u}(t) \in \Delta_{2^m}$。于是，系统式(8.2)等价地转化为

$$\boldsymbol{y}(t+1) = \boldsymbol{G}(t)\boldsymbol{u}(t)\boldsymbol{y}(t)\boldsymbol{x}(t) \tag{8.5}$$

其中，$\boldsymbol{G}(t)$ 为系统式(8.5)在离散时间 t 的结构矩阵，选自集合 $\{\boldsymbol{G}_1, \boldsymbol{G}_2, \cdots, \boldsymbol{G}_i, \cdots, \boldsymbol{G}_{N_2}\}$；$\boldsymbol{G}_i \in \mathcal{L}_{2^n \times 2^{2n+m}}$ 为第 i 个可能网络，被选中的概率记为 $\hat{P}_i$。

此外，待设计的控制器式(8.3)的代数形式为

$$\boldsymbol{u}(t) = \boldsymbol{H}\boldsymbol{y}(t)\boldsymbol{x}(t) \tag{8.6}$$

【定义 8.1】

对于主-从概率布尔网络式(8.1)-式(8.2)，如果存在状态反馈控制器式(8.6)和时间常数 T，使得对于任意初始状态 $\boldsymbol{x}_0, \boldsymbol{y}_0 \in \Delta_{2^n}$，有等式

$$P(\boldsymbol{x}(t;t_0,\boldsymbol{x}_0) = \boldsymbol{y}(t;t_0,\boldsymbol{y}_0,\boldsymbol{u}(t)) \mid t \geqslant T) = 1$$

成立，其中，t_0 为初始时刻，则称系统式(8.1)-式(8.2)可以通过闭环控制按照概率 1 实现同步化，简称可同步化。

【注释 8.1】

定义 8.1 为主-从概率布尔网络提供了一个可同步化概念，此定义不同于文献[30,38,72,73,115]中提出的开环控制可同步化。由于主-从概率布尔网络存在随机特性，所以闭环控制同步化条件弱于开环控制同步化条件。这显然不同于确定性主-从布尔网络的情形，因为对于确定性主-从布尔网络来说，闭环控制同步化条件等价于开环控制同步化条件。换言之，如果主-从布尔网络能被开环控制实现同步化，那么该系统一定也能够被某闭环控制实现同步化；反之亦然。然而，对于主-从概率布尔网络来说，这一等价关系并不成立，因为闭环控制可同步化并不能保证其开环控制可同步化。

本章的目的是提供一种设计形如式(8.6)的状态反馈控制器的方法，使得主-从概率布尔网络式(8.1)-式(8.2)在由该方法设计的控制器的作用下，按概率 1 于有限步内达到状态完全同步。

首先定义一个辅助系统，其状态为 $z(t)=y(t)x(t)$，将式(8.1)和式(8.2)相乘，整理得

$$\begin{aligned}z(t+1)&=\boldsymbol{G}(t)\boldsymbol{u}(t)\boldsymbol{y}(t)\boldsymbol{x}(t)\boldsymbol{F}(t)\boldsymbol{x}(t)\\&=\boldsymbol{G}(t)(\boldsymbol{I}_{2^{m+2n}}\otimes\boldsymbol{F}(t))\boldsymbol{u}(t)\boldsymbol{y}(t)\boldsymbol{x}(t)\boldsymbol{x}(t)\\&=\boldsymbol{G}(t)(\boldsymbol{I}_{2^{m+2n}}\otimes\boldsymbol{F}(t))(\boldsymbol{I}_{2^{m+2n}}\otimes\boldsymbol{\Phi}_n)\boldsymbol{u}(t)z(t)\end{aligned}$$

于是，辅助系统为

$$z(t+1)=\boldsymbol{L}(t)\boldsymbol{u}(t)z(t) \tag{8.7}$$

其中，$\boldsymbol{L}(t)=\boldsymbol{G}(t)(\boldsymbol{I}_{2^{m+2n}}\otimes\boldsymbol{F}(t))(\boldsymbol{I}_{2^{m+2n}}\otimes\boldsymbol{\Phi}_n)\in\mathcal{L}_{2^{2n}\times 2^{m+2n}}$。显然，系统式(8.7)是概率布尔控制网络。该系统有 $N=N_1\times N_2$ 个可能网络 $\{\boldsymbol{L}_1,\boldsymbol{L}_2,\cdots,\boldsymbol{L}_n\}$ 且第 $(j-1)N_1+i$ 个网络被选中的概率为 $P_{(j-1)N_1+i}=\overline{P}_i\hat{P}_j$。故有

$$\boldsymbol{L}_{(j-1)N_1+i}=\boldsymbol{G}_j(\boldsymbol{I}_{2^{m+2n}}\otimes\boldsymbol{F}_i)(\boldsymbol{I}_{2^{m+n}}\otimes\boldsymbol{\Phi}_n),\ \ i=1,2,\cdots,N_1,\ \ j=1,2,\cdots,N_2$$

记上述 N 个可能网络的结构矩阵的期望矩阵为 $\boldsymbol{L}$，即

$$\boldsymbol{L}=\sum_{i=1}^{N}P_i\boldsymbol{L}_i \tag{8.8}$$

容易看到，$\boldsymbol{L}$ 不是逻辑矩阵而是随机矩阵，即 $\boldsymbol{L}$ 不仅是非负矩阵且其每一列向量的和都是 1。对于任意两个状态 $z_0=\boldsymbol{\delta}_{2^{2n}}^{i}$，$z_t=\boldsymbol{\delta}_{2^{2n}}^{j}$，系统式(8.7)在控制信号 $\boldsymbol{u}(t)=\boldsymbol{\delta}_{2^m}^{k}$ 的作用下，从 z_0 到 z_t 一步能达的概率为 $\sum_{r=1}^{N}P\mathrm{Row}(\boldsymbol{L}_r\boldsymbol{\delta}_{2^m}^{k}\boldsymbol{\delta}_{2^{2n}}^{i})_j$。

将 $\boldsymbol{L}$ 矩阵按照下述方式分成 2^m 个方块矩阵：

$$\boldsymbol{L}=[\boldsymbol{L}^{(1)}\cdots\boldsymbol{L}^{(r)}\cdots\boldsymbol{L}^{(2^m)}] \tag{8.9}$$

其中，所有方块矩阵 $\boldsymbol{L}^{(r)}$ 都是 $2^{2n}\times 2^{2n}$ 随机矩阵，$\sum_{r=1}^{N}P\mathrm{Row}(\boldsymbol{L}_r\boldsymbol{\delta}_{2^m}^{k}\boldsymbol{\delta}_{2^{2n}}^{i})_j=\mathrm{Row}_j(\mathrm{Col}_i(\boldsymbol{L}^{(k)}))$。因此，系统式(8.7)在控制信号 $\boldsymbol{u}=\boldsymbol{\delta}_{2^m}^{k}$ 的作用下，从 z_0 到 z_t 一步能达的概率为 $\boldsymbol{L}_{ji}^{(k)}$，即方块矩阵 $\boldsymbol{L}^{(k)}$ 中的第 (j,i) 元素。

式(8.10)是本章的一个重要集合。因为通过它可以将本章所研究的同步化问题等价地转化为稳定化问题，而本书之前已经分析并讨论过耦合布尔网络的稳定性和稳定化问题。因此，本章可以借用已有方法和结果来分析这里的问题。

$$M=\{\boldsymbol{\delta}_{2^{2n}}^{(i-1)2^n+i}\mid i=1,2,\cdots,2^{2n}\} \tag{8.10}$$

【命题 8.1】

主-从概率布尔网络式(8.1)-式(8.2)能利用闭环控制按照概率 1 达到状态完全

同步，当且仅当存在一个状态反馈控制器 $\boldsymbol{u}(t)=\boldsymbol{H}\boldsymbol{z}(t)$ 和一个时间常数 T，使得对于任意初始状态 $\boldsymbol{z}_0\in\Delta_{2^{2n}}$，等式 $P(\boldsymbol{z}(t;t_0,\boldsymbol{z}_0,\boldsymbol{u}(t))\in M\mid t\geqslant T\}=1$ 成立。

证明　根据这一事实: $\boldsymbol{x}(t;t_0,\boldsymbol{x}_0)=\boldsymbol{y}(t;t_0,\boldsymbol{z}_0,\boldsymbol{u}(t))$，当且仅当 $\boldsymbol{z}(t;\ t_0,\ \boldsymbol{z}_0,\ \boldsymbol{u}(t))\in M$，其中，$\boldsymbol{z}_0=\boldsymbol{x}_0\ltimes\boldsymbol{y}_0$，命题结果是显然的。

【注释 8.2】

由命题 8.1 可以看出，主-从系统式(8.1)-式(8.2)在控制器 $\boldsymbol{u}(t)=\boldsymbol{H}\boldsymbol{y}(t)\boldsymbol{x}(t)$ 下能于 T 步内按照概率 1 达到状态完全同步，当且仅当其合成系统式(8.7)在上述相同的控制器下于 T 步内按照概率 1 稳定在集合 M。因此，通常将合成系统式(8.7)视为辅助系统，用于分析主-从系统式(8.1)-式(8.2)的同步化问题。

【定义 8.2】

包含在集合 M 的所有控制不变子集的并集称为系统式(8.7)对应于 M 的最大控制不变子集，简称 $\varOmega$ 的最大控制不变子集。

【命题 8.2】

如果主-从概率布尔网络式(8.1)-式(8.2)能利用闭环控制 $\boldsymbol{u}(t)=\boldsymbol{H}\boldsymbol{z}(t)$ 按照概率 1 达到状态完全同步，那么存在一个子集 $\varOmega\subseteq M$，使得下式成立

$$P(\boldsymbol{z}(t+1)\in\varOmega\mid\boldsymbol{z}(t)\in\varOmega,\ \boldsymbol{u}(t)=\boldsymbol{H}\boldsymbol{z}(t))=1$$

证明　根据命题 8.1，存在离散时间 T，使得对于任意初始状态 $\boldsymbol{z}_0\in\Delta_{2^{2n}}$，等式 $P(\boldsymbol{z}(t;t_0,\boldsymbol{z}_0,\boldsymbol{u}(t))\in M\mid t\geqslant T)=1$ 成立。定义集合 $\varOmega=\{\boldsymbol{z}(t;t_0,\boldsymbol{z}_0,\boldsymbol{u}(t))\colon\ \boldsymbol{z}_0\in\Delta_{2^n},t\geqslant T\}$。显然，$\varOmega$ 是包含在 M 中的一个控制不变子集。

【注释 8.3】

根据定义 8.1、定义 8.2 和命题 8.2 可以得出，如果主-从概率布尔网络式(8.1)-式(8.2)按照概率 1 能达到状态完全同步，那么一定存在包含在 M 的控制不变子集。另外，由于 M 的任意两个控制不变子集的并集仍然是其控制不变子集，所以 M 的最大控制不变子集对于系统式(8.1)-式(8.2)的同步化问题来说是非常重要的。

下面提供一个用来计算 M 的最大控制不变子集 $\varOmega$ 的算法。在叙述这一方法之前，需要将随机矩阵 $\boldsymbol{L}$ 拆分成 2^m 个方块，如式(8.9)所示。

【算法 8.1】

• 步骤 1　检测对于任意状态 $\delta_{2^{2n}}^{i}\in M$ 是否都存在对应的 $\boldsymbol{L}^{(r)}$，使得 $\sum\limits_{\delta_{2^{2n}}^{j}\in M}L_{ji}^{(r)}=1$。如果存在，那么停止，记 $\varOmega=M$；否则，进入下一步。

• 步骤 2　找一状态 $\delta_{2^{2n}}^{i}\in M$，要求对所有 r，满足 $\sum\limits_{\delta_{2^{2n}}^{j}\in M}L_{ji}^{(r)}\neq 1$。将 M 替换为 $M\setminus\{\delta_{2^{2n}}^{i}\}$，返回步骤 1。

根据定理 7.1 和算法 7.2 可以很容易得到下面同步化的基本定理。

【定理 8.1】

设Ω是集合 M 的最大控制不变子集。主-从概率布尔网络式(8.1)-式(8.2)可以通过状态反馈控制方式按照概率 1 达到状态完全同步，当且仅当存在非负整数$k\leqslant 2^{2n}-\alpha$，使得

$$R_k(\Omega)=\Delta_{2^{2n}} \tag{8.11}$$

所以，当条件式(8.11)满足时，主-从概率布尔网络式(8.1)-式(8.2)可以通过以下方式设计的状态反馈控制器按照概率 1 在 k 步内达到状态完全同步。

(1)当$\boldsymbol{\delta}_{2^{2n}}^{i}\in\Omega$时，找一个满足$P(z(t+1)\in\Omega\mid z(t)=\boldsymbol{\delta}_{2^{2n}}^{i},\boldsymbol{u}=\boldsymbol{\delta}_{2^m}^{\mu_i})=1$的常数控制$\boldsymbol{u}=\boldsymbol{\delta}_{2^m}^{\mu_i}$。此时，取$\mathrm{Col}_{\mathrm{i}}(\boldsymbol{H})=\boldsymbol{\delta}_{2^m}^{\mu_i}$。

(2)当$\boldsymbol{\delta}_{2^{2n}}^{i}\notin\Omega$时，一定存在正整数 r_i，使得$\boldsymbol{\delta}_{2^{2n}}^{i}\in R_{r_i}(\Omega)$，但$\boldsymbol{\delta}_{2^{2n}}^{i}\notin R_{r_i-1}(\Omega)$，其中$R_0(\Omega)=\Omega$。找一个满足$P(z(t+1)\in R_{r_i-1}(\Omega)\mid z(t)=\boldsymbol{\delta}_{2^{2n}}^{i},\boldsymbol{u}=\boldsymbol{\delta}_{2^m}^{\mu_i})=1$的常数控制$\boldsymbol{u}=\boldsymbol{\delta}_{2^m}^{\mu_i}$。此时，取$\mathrm{Col}_{\mathrm{i}}(\boldsymbol{H})=\boldsymbol{\delta}_{2^m}^{\mu_i}$。

【注释 8.4】

定理 8.1 不仅为主-从概率布尔网络式(8.1)-式(8.2)提供了判断系统能否状态完全同步化的判据，当条件(8.11)满足时，还给出了能使系统达到状态完全同步的状态反馈控制器的设计方法。由于这里设计的控制器保证了其可以在最短时间内按照概率 1 达到状态完全同步，所以利用定理 8.1 设计的控制器在时间上是最优的。

8.3 算　　例

考虑下面这个具体的主-从概率布尔网络的同步化。其主网络为

$$\begin{cases}x_1(t+1)=x_2(t)\wedge x_3(t)\\ x_2(t+1)=\neg x_1(t)\\ x_3(t+1)=(x_2(t)\vee x_3(t))\vee\xi(t)\end{cases} \tag{8.12}$$

从网络为

$$\begin{cases}y_1(t+1)=y_2(t)\wedge(y_3(t)\leftrightarrow u_1(t))\\ y_2(t+1)=\neg y_1(t)\\ y_3(t+1)=y_2(t)\vee(y_3(t)\wedge u_2(t))\end{cases} \tag{8.13}$$

其中，x_i 为主网络的状态变量；y_i 和 u_i 分别为从网络的状态变量和输入变量；$\xi(t)$为外部扰动。

设ξ取 0 和 1 的概率分别为λ和$1-\lambda$。将式(8.12)重新写为

$$\begin{cases} x_1(t+1) = x_2(t) \wedge x_3(t), \\ x_2(t+1) = \neg x_1(t), \\ x_3(t+1) = \begin{cases} x_2(t) \vee x_3(t), & p = \lambda \\ 1, & p = 1-\lambda \end{cases} \end{cases} \tag{8.14}$$

下面判断是否存在能使从网络式(8.13)状态完全同步于主网络式(8.12)的状态反馈控制器；如果存在，那么还需要进一步利用定理 8.1 提供的方法设计控制器。

首先，判断有效控制器的存在性。定义 $\boldsymbol{u}(t)=\boldsymbol{u}_1(t)\boldsymbol{u}_2(t)$，$\boldsymbol{z}(t)=\boldsymbol{y}_1(t)\boldsymbol{y}_2(t)\boldsymbol{y}_3(t) \ltimes \boldsymbol{x}_1(t)\boldsymbol{x}_2(t)\boldsymbol{x}_3(t)$。通过计算，可以得到对应的辅助系统，其中结构矩阵 $\boldsymbol{L}(t)$ 取为 $\boldsymbol{L}_1=\boldsymbol{\delta}_{64}\boldsymbol{a}$ 和 $\boldsymbol{L}_2=\boldsymbol{\delta}_{64}\boldsymbol{b}$ 的概率分别记为 λ 和 $1-\lambda$，则有

a=[19，23，23，24，17，21，21，22，51，55，55，56，49，53，53，54，51，55，55，56，49，53，53，54，59，63，63，64，57，61，61，62，3，7，7，8，1，5，5，6，35，39，39，40，33，37，37，38，35，39，39，40，33，37，37，38，43，47，47，48，41，45，45，46，19，23，23，24，17，21，21，22，51，55，55，56，49，53，53，54，59，63，63，64，57，61，61，62，59，63，63，64，57，61，61，62，3，7，7，8，1，5，5，6，35，39，39，40，33，37，37，38，43，47，47，48，41，45，45，46，43，47，47，48，41，45，45，46，51，55，55，56，49，53，53，54，19，23，23，24，17，21，21，22，51，55，55，56，49，53，53，54，59，63，63，64，57，61，61，62，35，39，39，40，33，37，37，38，3，7，7，8，1，5，5，6，35，39，39，40，33，37，37，38，43，47，47，48，41，45，45，46，51，55，55，56，49，53，53，54，19，23，23，24，17，21，21，22，59，63，63，64，57，61，61，62，59，63，63，64，57，61，61，62，35，39，39，40，33，37，37，38，3，7，7，8，1，5，5，6，43，47，47，48，41，45，45，46，43，47，47，48，41，45，45，46]

b=[19，23，23，23，17，21，21，21，51，55，55，55，49，53，53，53，51，55，55，55，49，53，53，53，59，63，63，63，57，61，61，61，3，7，7，7，1，5，5，5，35，39，39，39，33，37，37，37，35，39，39，39，33，37，37，37，43，47，47，47，41，45，45，45，19，23，23，23，17，21，21，21，51，55，55，55，49，53，53，53，59，63，63，63，57，61，61，61，59，63，63，63，57，61，61，61，3，7，7，7，1，5，5，5，35，39，39，39，33，37，37，37，43，47，47，47，41，45，45，45，43，47，47，47，41，45，45，45，51，55，55，55，49，53，53，53，19，23，23，23，17，21，21，21，51，55，55，55，49，53，53，53，59，63，63，63，57，

61，61，61，35，39，39，39，33，37，37，37，3，7，7，7，1，5，5，5，35，39，39，39，33，37，37，37，43，47，47，47，41，45，45，45，51，55，55，55，49，53，53，53，19，23，23，23，17，21，21，21，59，63，63，63，57，61，61，61，59，63，63，63，57，61，61，61，35，39，39，39，33，37，37，37，3，7，7，7，1，5，5，5，43，47，47，47，41，45，45，45，43，47，47，47，41，45，45，45]

对辅助系统的结构矩阵取期望值，可得

$$\boldsymbol{L}=\lambda\times\boldsymbol{L}_1+(1-\lambda)\boldsymbol{L}_2 \tag{8.15}$$

这里，$M=\boldsymbol{\delta}_{64}\{1，10，19，28，37，46，55，64\}$。利用算法 8.1 计算 M 的最大控制不变子集 $\Omega=\boldsymbol{\delta}_{64}\{1,10,19,37,46,55\}$。进一步计算得到 $R_1(\Omega)=\boldsymbol{\delta}_{64}X_1$，$R_2(\Omega)=\boldsymbol{\delta}_{64}X_2$，$R_3(\Omega)=\boldsymbol{\delta}_{64}X_3$，$R_4(\Omega)=\Delta_{64}$。其中，有

X_1={1，2，3，9，10，11，18，19，37，38，39，45，46，47，54，55}

X_2={1，2，3，9，10，11，18，19，33，34，35，37，38，39，40，41，42，43，45，46，47，48，50，51，54，55，56，58，59，62，63，64}

X_3={1，2，3，4，9，10，11，12，17，18，19，20，25，26，27，28，33，34，35，36，37，38，39，40，41，42，43，44，45，46，47，48，49，50，51，52，53，54，55，56，57，58，59，60，61，62，63，64}

根据定理 8.1，$R_4(\Omega)=\Delta_{64}$ 保证了能使从网络式(8.13)与主网络式(8.12)达到状态完全同步的状态反馈控制器的存在。

下面设计有效状态反馈控制器。对于 $\mathrm{Col}_i(\boldsymbol{H})$，$i\in\{1, 10, 19, 37, 46, 55\}$，因为

$$L_{19,1}^{(\mu_1)}=1，\ \mu_1=1,2；\ L_{55,10}^{(\mu_{10})}=1，\ \mu_{10}=1,2；\ L_{55,19}^{(\mu_{19})}=1，\ \mu_{19}=1,3$$
$$L_{1,37}^{(\mu_{37})}=1，\ \mu_{37}=1,2；\ L_{37,46}^{(\mu_{46})}=1，\ \mu_{46}=1,2；\ L_{37,55}^{(\mu_{55})}=1，\ \mu_{55}=1,3$$

取

$$\mathrm{Col}_{i_1}(\boldsymbol{H})=\boldsymbol{\delta}_4^{\mu_{i_1}},\mu_{i_1}\in\{1,2\},\quad i_1=1,10,37,46$$
$$\mathrm{Col}_{i_2}(\boldsymbol{H})=\boldsymbol{\delta}_4^{\mu_{i_2}},\ \mu_{i_2}\in\{1,3\},\ i_2=19,55 \tag{8.16}$$

对于 $\mathrm{Col}_i(\boldsymbol{H})$, $i\in \mathrm{X}_1\setminus\{1, 10, 19, 37, 46, 55\}$，由期望矩阵 $\boldsymbol{L}$ 可以计算得到

$$L_{55,2}^{(\mu_2)}=1，\ \mu_2=3,4；$$
$$L_{55,3}^{(\mu_3)}=1，\ \mu_3=3,4；\ L_{55,11}^{(\mu_{11})}=1，\ \mu_{11}=1,2；\ L_{55,18}^{(\mu_{18})}=1，\ \mu_{18}=1,3$$
$$L_{37,38}^{(\mu_{38})}=1，\ \mu_{38}=3,4；$$
$$L_{37,39}^{(\mu_{39})}=1，\ \mu_{39}=3,4；\ L_{37,47}^{(\mu_{47})}=1，\ \mu_{47}=1,2；\ L_{37,54}^{(\mu_{54})}=1，\ \mu_{54}=1,2$$
$$L_{1,45}^{(\mu_{45})}=1，\ \mu_{45}=3,4；$$
$$L_{19,9}^{(\mu_9)}=1，\ \mu_9=3,4$$

于是，取

$$\mathrm{Col}_{i_3}(\boldsymbol{H})=\delta_4^{\mu_{i_3}},\ \mu_{i_3}\in\{3,4\},\ i_3=2,3,9,38,39,45$$
$$\mathrm{Col}_{i_4}(\boldsymbol{H})=\delta_4^{\mu_{i_4}},\ \mu_{i_4}\in\{1,2\},\ i_4=11,47,54$$
$$\mathrm{Col}_{18}(\boldsymbol{H})=\delta_4^{\mu_{18}},\ \mu_{18}\in\{1,3\} \tag{8.17}$$

继续上述计算，最后得到

$$\mathrm{Col}_{i_5}(\boldsymbol{H})=\delta_4^{\mu_{i_5}},\mu_{i_5}\in\{1,2\},\ i_5=12,13,14,15,16,33,42,43,44,48$$
$$\mathrm{Col}_{i_6}(\boldsymbol{H})=\delta_4^{\mu_{i_6}},\ \mu_{i_6}\in\{1,3\},\ i_6=17,20,21,22,23,24,49,50,51,52,53,56$$
$$\mathrm{Col}_{i_7}(\boldsymbol{H})=\delta_4^{\mu_{i_7}},\ \mu_{i_7}\in\{3,4\},\ i_7=4,5,6,7,8,13,34,35,36,40,41$$
$$\mathrm{Col}_{i_8}(\boldsymbol{H})=\delta_4^{\mu_{i_8}},\ \mu_{i_8}\in\{1,2,3,4\},\ i_8=25,26,27,28,29,30,31,32,57,58,59,60,61,62,63,64 \tag{8.18}$$

由式(8.16)～式(8.18)可以获得多个状态反馈控制器 $\boldsymbol{u}(t)=\boldsymbol{H}\boldsymbol{y}(t)\boldsymbol{x}(t)$，例如，

$\boldsymbol{H}=\delta_4$[2，4，4，3，4，4，3，3，4，1，2，2，1，2，2，1，1，3，1，3，1，3，1，3，4，3，2，1，4，3，2，1，1，3，3，3，1，3，3，3，3，1，1，1，3，1，1，1，2，1，1，1，1，2，1，4，1，2，3，4，1，2，3，4]

最后，可以验证从网络式(8.13)在上述控制器的作用下将在四步内同步于主网络式(8.12)。

8.4 本 章 小 结

本章主要介绍了概率布尔控制网络的稳定化问题和主-从概率布尔网络的同步化问题。首先，将传统的确定性布尔网络的稳定化概念和同步化概念按照概率 1 推广至概率布尔网络。然后，提出判断概率布尔控制网络能否稳定化的判据，并基于此判据给出集合镇定器的设计算法。最后，在研究主-从概率布尔网络的同步化问题时，将这种耦合系统等价地转化为一个相应的概率布尔控制网络，从而可以利用上述已得的集合稳定化结果推出主-从概率布尔网络的同步化判据并能使系统同步的控制器的设计方法。值得注意的是，上述提供的所有设计方法都是构造性的，因此计算便捷。

参 考 文 献

[1] De Jong H. Modeling and simulation of genetic regulatory system: A literature review[J]. Journal of Computational Biology, 2002, 9(1): 67-103.

[2] Kauffman S A. Metabolic stability and epigenesis in randomly constructed genetic nets[J]. Journal of Theoretical Biology, 1969, 22(3): 437-467.

[3] Kauffman S A. The Origins of Order, Self-Organization and Selection in Evolution[M]. New York: Oxford University Press, 1993.

[4] Liang S, Fuhrman S, Somogyi R. Reval, a general reverse engineering algorithm for inference of genetic network architectures[C]//Paciac Symposium on Biocomputing, 1998, 3: 18-29.

[5] Akutsu T, Miyano S, Kuhara S. Inferring qualitative relations in genetic networks and metabolic pathways[J]. Bioinformatics, 2000, 16(8): 727-734.

[6] Friedman N, Linial M, Nachman I, et al. Using Bayesian networks to analyze expression data[C]//Proceedings of the fourth Annual International conference on Computational Molecular Biology. 2000: 127-135.

[7] Elowitz M B, Leiber S. A synthetic oscillatory network of transcriptional regulators[J]. Nature, 2000, 403: 335-338.

[8] Mestl T, Plahte E , Omholt S W. A mathematical framework for describing and analyzing gene regulatory networks[J]. Journal of Theoretical Biology, 1995, 176(2): 291-300.

[9] McAdams H H, Arkin A. Stochastic mechanisms in gene expression[J]. Proceedings of the National Academy of Science, 1997, 94(3): 814-819.

[10] Shmulevich I, Dougherty E R, Zhang W. From Boolean to probabilistic Boolean networks as models of genetic regulatory networks[J]. Proceedings of the IEEE, 2002, 90(11): 1778-1792.

[11] Ay F, Xu F, Kahveci T. Scalable steady state analysis of boolean biological regulatory networks[J]. Plos One, 2009, 4(12): e7992.

[12] Albert R, Othmer H G. The topology and signature of the regulatory interactions predict the expression pattern of the segment polarity genes in Drosophila rnelanogaster[J]. Journal of Theoretical Biology, 2003, 223(1): 1-18.

[13] Zhao Y, Kim J, Filippone M. Aggregation algorithm towards large-scale Boolean network analysis[J]. IEEE Transactions on Automatic Control, 2013, 58(8): 1976-1985.

[14] Zhao Y, Qi H, Cheng D. Input-state incidence matrix of Boolean control networks and its applications[J]. Systems & Control Letters, 2010, 59(12): 767-774.

[15] Cheng D, Li Z, Qi H. Realization of Boolean control networks[J]. Automatica, 2010, 46(1): 62-69.

[16] Cheng D, Zhao Y. Identification of Boolean control networks[J]. Automatica, 2011, 47(4): 702-710.

[17] 程代展，齐洪胜，赵寅. 布尔网络的分析和控制-矩阵半张量积方法[J]. 自动化学报，2011，37(5): 529-540.

[18] Cheng D, Qi H, Li Z, et al. Stability and stabilization of Boolean networks[J]. International Journal of Robust and Nonlinear Control, 2011, 21(2): 134-156.

[19] Li R, Yang M, Chu T. State feedback stabilization for Boolean control networks[J]. IEEE Transactions on Automatic Control, 2013, 58(7): 1853-1857.

[20] Li H, Wang Y. Output feedback stabilization control design for Boolean control networks[J]. Automatica, 2013, 49(12): 3641-3645.

[21] Guo Y, Wang P, Gui W, Yang C. Set stability and set stabilization of Boolean control networks based on invariant subsets[J]. Automatica, 2015, 61: 106-112.

[22] Li F. Global stability at a limit cycle of switched Boolean networks under arbitrary switching signals[J]. Neurocomputing, 2014, 133: 63-66.

[23] Bof N, Fornasini E, Valcher M E. Output feedback stabilization of Boolean control networks[J]. Automatica, 2015, 57: 21-28.

[24] Cheng D, Qi H. Controllability and observability of Boolean control networks[J], Automatica, 2009, 45(7): 1659-1667.

[25] Li F, Sun J. Controllability of probabilistic Boolean control networks[J]. Automatica, 2011, 47(12): 2765-2771.

[26] Zhang L, Zhang K. Controllability and observability of Boolean control networks with time-variant delays in states[J]. IEEE Transactions on Neural Networks and Learning Systems, 2013, 24(9): 1478-1484.

[27] Han M, Liu Y, Tu Y. Controllability of Boolean control networks with time delays both in states and inputs[J]. Neurocomputing, 2014, 129: 467-475.

[28] Liu Y, Chen H, Lu J, et al. Controllability of probabilistic Boolean control networks based on transition probability matrices[J]. Automatica, 2015, 52: 340-345.

[29] Lu J, Zhong J, Huang C, et al. On pinning controllability of Boolean control networks[J]. IEEE Transactions on Automatic Control, 2016, 61(6): 1658-1663.

[30] Xu X, Hong Y. Solvability and control design for synchronization of Boolean networks[J]. Journal of Systems Science and Complexity, 2013, 26(6): 871-885.

[31] Li R, Chu T. Complete synchronization of Boolean networks[J]. IEEE Transactions on Neural Networks and Learning Systems, 2012, 23(5): 840-846.

[32] Li R, Yang M, Chu T. Synchronization design of Boolean networks via the semitensor product method[J]. IEEE Transactions on Neural Networks and Learning Systems, 2013, 24(6): 996-1001.

[33] Lu J, Zhong J, Li L, et al. Synchronization analysis of masterslave probabilistic Boolean networks[J]. Scientific Reports, 2015, 5(1): 13437.

[34] Zhang H, Wang X, Lin X. Synchronization of Boolean networks with different update schemes[J]. IEEE/ACM Transactions on Computational Biology & Bioinformatics, 2014, 11(5): 965-972.

[35] Chen H, Liang J, Huang T, et al. Synchronization of arbitrarily switched Boolean networks[J]. IEEE Transactions on Neural Networks and Learning Systems, 2015, 28(3): 612-619.

[36] Chen H, Liang J, Lu J. Partial synchronization of interconnected Boolean networks[J]. IEEE Transactions on Cybernetics, 2017, 47(1): 258-266.

[37] Li F. Pinning control design for the synchronization of two coupled Boolean networks[J]. IEEE Transactions on Circuits and Systems II: Express Briefs, 2015, 63(3): 309-313.

[38] Liu Y, Sun L, Lu J, et al. Feedback controller design for the synchronization of boolean control networks[J]. IEEE Transactions on Neural Networks and Learning Systems, 2016, 27(9): 1991-1996.

[39] Zhang H, Wang X, Lin X. Synchronization of asynchronous switched Boolean network[J]. IEEE/ACM Transactions on Computational Biology and Bioinfor matics, 2015, 12(6): 1449-1456.

[40] Meng M, Feng J, Hou Z. Synchronization of interconnected multivalued logical networks[J]. Asian Journal of Control, 2014, 16(6): 1659-1669.

[41] 张静，樊永色．半张量积在布尔网络同步中的应用[J]．哈尔滨师范大学自然科学学报，2013，29(2)：16-19.

[42] Cheng D. Disturbance decoupling of Boolean control networks[J]. IEEE Trans actions on Automatic Control, 2011, 56(1): 2-10.

[43] Yang M, Li R, Chu T. Controller design for disturbance decoupling of Boolean control networks[J]. Automatica, 2013, 49(1): 273-277.

[44] Li H, Wang Y, Xie L, et al. Disturbance decoupling control design for switched Boolean control networks[J]. Systems & Control Letters, 2014, 72: 1-6.

[45] Zhao Y, Li Z, Cheng D. Optimal control of logical control networks[J]. IEEE Transactions on Automatic Control, 2011, 56(8): 1766-1776.

[46] Fornasini E, Valcher M E. Optimal control of Boolean control networks[J]. IEEE Transactions on Automatic Control, 2014, 59(5): 1258-1270.

[47] Chen H, Wu B, Lu J. A minimum-time control for Boolean control networks with impulsive disturbances[J]. Applied Mathematics and Computation, 2016, 273: 477-483.

[48] Chen H, Sun J. Output controllability and optimal output control of state- dependent switched Boolean control networks[J]. Automatica, 2014, 50: 1929-1934.

[49] Zou Y, Zhu J. System decomposition with respect to inputs for Boolean control networks[J]. Automatica, 2014, 50(4): 1304-1309.

[50] Zou Y, Zhu J. Kalman decomposition for Boolean control networks[J]. Automat- ica, 2015, 54: 65-71.

[51] Zhang H, Ma T, Huang G, et al. Robust global exponential synchronization of uncertain chaotic delayed neural networks via dual-stage impulsive control[J]. IEEE Transactions on Systems, Man, and Cybernetics, Part B: Cybernetics, 2010, 40(3):831-844.

[52] Zhang H, Zhang J, Yang G, et al. Leader-based optimal coordination control for the consensus problem of multi-agent differential games via fuzzy adaptive dynamic programming[J]. IEEE Transactions on Fuzzy Systems, 2015, 23(1): 152-163.

[53] Zhang H, Liu D, Wang Z. Controlling Chaos: Suppression, Synchronization and Chaotification[M] London: Springer Science & Business Media, 2009.

[54] Farrow C, Heidel J, Maloney J, et al. Scalar equations for synchronous Boolean networks with biological applications[J]. IEEE Transactions on Neural Networks, 2004, 15(2): 348-354.

[55] Cheng D. Input-state approach to Boolean networks[J]. IEEE Transactions on Neural Networks, 2009, 20(3): 512-521.

[56] Cheng D, Qi H, Li Z. Analysis and Control of Boolean Networks: A Semi-Tensor Product Approach[M]. London: Springer Science & Business Media, 2011.

[57] Cheng D, Qi H. A linear representation of dynamics of Boolean networks[J]. IEEE Transactions on Automatic Control, 2010, 55(10): 2251-2258.

[58] Li Z, Cheng D. Algebraic approach to dynamics of multivalued networks[J]. International Journal of Bifurcation and Chaos, 2010, 20(3): 561-582.

[59] Shmulevich I, Dougherty E, Zhang W. Gene perturbation and intervention in probabilistic Boolean networks[J]. Bioinformatics, 2002, 18: 1319-1331.

[60] Zhang H, Huang W, Wang Z, et al. Adaptive synchronization between two different chaotic systems with unknown parameters[J]. Physics Letters A, 2006, 350(5): 363-366.

[61] Morelli L G, Zanette D H. Synchronization of Kauffman networks[J]. Physical Review E, 2001, 63(3): 036204.

[62] Wang Z, Zhang H. Synchronization stability in complex interconnected neural networks with nonsymmetric coupling[J]. Neurocomputing, 2013, 108: 84-92.

[63] Heidel J, Maloney J, Farrow C, et al. Finding cycles in synchronous Boolean networks with applications to biochemical systems[J]. International Journal of Bifurcation and Chaos, 2003, 13(3): 535-552.

[64] Veliz-Cuba A, Stigler B. Boolean models can explain bistability in the lac operon[J]. Journal of Computational Biology, 2011, 18(6): 783-794.

[65] Li R, Yang M, Chu T. Synchronization of Boolean networks with time delays[J]. Applied Mathematics and Computation, 2012, 219(3): 917-927.

[66] Li F, Lu X. Complete synchronization of temporal Boolean networks[J]. Neural Networks, 2013, 44(6): 72-77.

[67] Li R, Chu T. Synchronization in an array of coupled Boolean networks[J]. Physics Letters A, 2012, 376(45): 3071-3075.

[68] Zhong J, Lu J, Liu Y, et al. Synchronization in an array of output-coupled Boolean networks with time delay[J]. IEEE Transactions on Neural Networks and Learning Systems, 2014, 25(12): 2288-2294.

[69] Zhang H, Tian H, Wang Z, et al. Synchronization analysis and design of coupled Boolean networks based on periodic switching sequences[J]. IEEE Transactions on Neural Networks and Learning Systems, 2016, 27(12):

2754-2759.

[70] Zhao Q. A remark on "Scalar equations for synchronous Boolean networks with biologic applications" by Farrow C, Heidel J, Maloney J, and Rogers J[J]. IEEE Transactions on Neural Networks, 2005, 16(6): 1715-1716.

[71] Li F, Sun J. Stability and stabilization of multivalued logical networks[J]. Nonlinear Analysis: Real World Applications, 2011, 12(6): 3701-3712.

[72] Tian H, Wang Z, Hou Y, et al. State feedback controller design for synchronization of master-slave Boolean networks based on core input-state cycles[J]. Neurocomputing, 2016, 174(22): 1031-1037.

[73] Hong Y, Xu X. Solvability and control design for dynamic synchronization of Boolean networks[C].// Proceedings of the 29th Chinese Control Conference, IEEE 2010: 805-810.

[74] Johnson D B. Finding all the elementary circuits of a directed networks[J]. Siam Journal on Computing, 1975, 4(1): 77-84.

[75] Li F, Lu X. Complete synchronization for two coupled logical networks[J]. IET Control Theory and Applications, 2013, 7(14): 1857-1864.

[76] Li F, Lu X. Synchronization of coupled large-scale Boolean networks[J]. Chaos: An Interdisciplinary Journal of Nonlinear Science, 2014, 24(1): 1-6.

[77] Zhong J, Lu J, Huang T, et al. Synchronization of master-slave Boolean networks with impulsive effects: Necessary and sufficient criteria[J]. Neurocomputing, 2014, 143(2): 269-274.

[78] Chen H, Liu Y, Lu J. Synchronization criteria for two Boolean networks based on logical control[J]. International Journal of Bifurcation and Chaos, 2013, 23(11): 1350178.

[79] Li H, Wang Y, Xie L. Output tracking control of Boolean control networks via state feedback: Constant reference signal case[J]. Automatica, 2015, 59: 54-59.

[80] Fornasini E, Valcher M E. On the periodic trajectories of Boolean control networks[J]. Automatica, 2013, 49: 1506-1509.

[81] Zou Y, Zhu J. Cycles of periodically time-variant Boolean networks[J]. Automatica, 2015, 51: 175-179.

[82] 杨光红, 张嗣瀛. 关于不确定对称组合系统的稳定化[J]. 自动化学报, 1995, 21(6): 758-761.

[83] Zhou J, Wen C, Yang G. Adaptive backstepping stabilization of nonlinear uncertain systems with quantized input signal[J]. IEEE Transactions on Automatic Control, 2014, 59(2): 460-464.

[84] Zhang H, Zhang Z, Wang Z, et al. New results on stability and stabilization of networked control systems with short time-varying delay[J]. IEEE Transactions on Cybernetics, 2016, 46(12): 2772-2781.

[85] Wang Z, Ding S, Huang Z, et al. Exponential stability and stabilization of delayed memristive neural networks based on quadratic convex combination method[J]. IEEE Transactions on Neural Networks and Learning Systems, 2016, 27(11): 2337-2350.

[86] Zhang H, Shan Q, Wang Z. Stability analysis of neural networks with two delay components based on dynamic delay interval method[J]. IEEE Transactions on Neural Networks and Learning Systems, 2017, 28(2): 259-267.

[87] Zhang H, Xie X. Relaxed stability conditions for continuous time T-S fuzzy- control systems via augmented multi-indexed matrix approach[J]. IEEE Trans- actions on Fuzzy Systems, 2011, 19(3): 478-492.

[88] Zhang H, Wang Z, Liu D. Robust exponential stability of recurrent neural networks with multiple time-varying delays[J]. IEEE Transactions on Circuits and Systems II-Express Briefs, 2007, 54(8): 730-734.

[89] Liu Y, Chen H, Wu B, et al. A Mayer-type optimal control for multivalued logic control networks with undesirable states[J]. Applied Mathematical Modelling, 2015, 39(12): 3357-3365.

[90] Cheng D, Qi H, Zhao Y. Analysis and control of general logical networks -An algebraic approach[J]. Annual Reviews in Control, 2012, 36(1): 11-25.

[91] Chaouiya C, Naldi A, Remy E, et al. Petri net representation of multi- valued logical regulatory graphs[J]. Natural Computing, 2011, 10(2): 727-750.

[92] Li F, Sun J. Synchronization analysis for multivalued logical networks[J]. International Journal of Bifurcation & Chaos, 2013, 23(04): 1350059.

[93] Fauré A, Naldi A, Chaouiya C, et al. Dynamical analysis of a generic Boolean model for the control of the mammalian cell cycle[J]. Bioinformatics, 2006, 22(14): e124-e131.

[94] Li H, Wang Y, Liu Z. Simultaneous stabilization for a set of Boolean control networks[J]. Systems & Control Letters, 2013, 62(12): 1168-1174.

[95] Li H, Wang Y, Liu Z. Stability analysis for switched Boolean networks under arbitrary switching signals[J]. IEEE Transactions on Automatic Control, 2014, 59(7): 1978-1982.

[96] Li F, Sun J. Stability and stabilization of Boolean networks with impulsive effects[J]. Systems & Control Letters, 2012, 61(1): 1-5.

[97] Chen H, Sun J. Global stability and stabilization of switched Boolean network with impulsive effects[J]. Applied Mathematics and Computation, 2013, 224: 625-634.

[98] Chen H, Li X, Sun J. Stabilization, controllability and optimal control of Boolean networks with impulsive effects and state constraints[J]. IEEE Transactions on Automatic Control, 2014, 60(3): 806-811.

[99] Liu Y, Cao J, Sun L, et al. Sampled-data state feedback stabilization of Boolean control networks[J]. Neural Computation, 2016, 28(4): 778-799.

[100] Li F. Pinning control design for the stabilization of Boolean networks[J]. IEEE Transactions on Neural Networks and Learning Systems, 2016, 27(7): 1585-1590.

[101] Qi H, Cheng D, Hu X. Stabilization of random Boolean networks[C]// 2010 8th World Congress on Intelligent Control and Automation. IEEE, 2010: 1968-1973.

[102] 郭雷. 评"矩阵的半张量积: 一个便捷的新工具"[J]. 科学通报, 2011, 56(32): 2662-2663.

[103] Tian H, Zhang H, Wang Z, et al. Local stabilization of multi-valued logical control networks via state feedback[C]. The 28th Chinese Control and Decision Conference (2016 CCDC), Yinchuan, China, 2016: 7179-7184.

[104] Tian H, Zhang H, Wang Z, et al. Stabilization of k-valued logical control networks by open-loop control via the reverse-transfer method[J]. Automatica, 2017, 83: 387-390.

[105] Cheng D, He F, Qi H, et al. Modeling, analysis and control of networked evolu- tionary games[J]. IEEE Transactions on Automatic Control, 2015, 60(9): 2402- 2415.

[106] Shmulevich I, Dougherty E, Kim S R, et al. Probabilistic Boolean networks: a rule-based uncertainty model for gene regulatory networks[J]. Bioinformatics, 2002, 18(2): 261-274.

[107] Tian H, Hou Y. State feedback design for set stabilization of probabilistic Boolean control networks[J]. Journal of the Franklin Institute-Engineering and Applied Mathematics, 2019, 356(8): 4358-4377.

[108] Gu J W, Ching W K, Siu T K, et al. On modeling credit defaults: a probabilistic Boolean network approach[J]. Risk and Decision Analysis, 2013, 4(2): 119-129.

[109] Liang R, Qiu Y, Ching W K, Construction of probabilistic Boolean network for credit default data[C]// 2014 7th International Joint Conference on Computational Sciences and Optimization. IEEE, 2014: 11-15.

[110] Rivera Torres P, Serrano Mercado E I, Anido Rifón L. Probabilistic Boolean network modeling and model checking as an approach for DFMEA for manufacturing systems[J]. Journal of Intelligent Manufacturing, 2018, 29: 1393-1413.

[111] Rivera Torres P, Serrano Mercado E I, Rifón L. Probabilistic Boolean network modeling of an industrial machine[J]. Journal of Intelligent Manufacturing, 2018, 29 (4): 875-890.

[112] Li F, Tang Y. Set stabilization of switched Boolean control networks[J]. Automatica, 2017, 78: 223-230.

[113] Zheng Y, Li H, Ding X, et al. Stabilization and set stabilization of delayed Boolean control networks based on trajectory stabilization[J]. Journal of the Franklin Institute, 2017, 354(17): 7812-7827.

[114] Liu R, Lu J, Lou J, et al. Set stabilization of Boolean networks under pinning control strategy[J]. Neurocomputing, 2017, 260(18): 142-148.

[115] Li F, Li J, Shen L. State feedback controller design for the synchronization of Boolean networks with time delays[J]. Physica A: Statistical Mechanics and Its Applications, 2018, 490(15): 1267-1276.